ユーザー目線で役立つ

接着の材料選定と構造・プロセス設計

原賀康介 著
Kousuke Haraga

日刊工業新聞社

まえがき

接着剤による接合・組立は、多くの産業分野で多種多様な部品や製品に適用され、組立の要素技術の一つとなっています。しかし、接着の技術は化学的な側面が強く、化学になじみが少ない部品や機器の設計・生産技術者には扱いにくい技術であることも事実です。

筆者は、総合電気機器メーカーで39年間にわたって接着の適用技術開発に従事してきました。そして退職後、接着剤を用いてものづくりをする企業を対象としたコンサルタント会社を設立し、これまで多くの企業の技術者が抱える接着に関する悩み事の相談に乗ってきました。その中で、それまで化学系の企業や技術者を中心に発展してきた、接着の技術の考え方やアプローチの仕方が接着剤のユーザーにはなじみにくく、多くの課題があることに気づかされました。

第一の課題は、接着は主に化学的な結合であり、接着剤そのものも化学品であるため、どのように結合しているのか、接着剤が硬化すると接着剤の内部はどのような構造になっているのかなど、五感で判断することは非常に難しく、出来映えの良し悪しがわかりにくいという点です。

第二の課題は、化学系技術者と機械系技術者のように技術分野が異なる技術者間では、専門知識や感覚の違いから思うように意思の疎通が図れないということです。筆者は長年にわたって電気・電子機器の接着組立技術の開発に携わってきましたが、一つの製品を開発して完成させるまでには機械系技術者、電気・電子系技術者など化学系ではない多くの技術者が関わります。接着に関する部分では化学系の材料関係技術者が関わりますが、技術分野が異なる技術者間の意思疎通には苦労しました。

第三の課題は、多くの接着剤の中から最適な接着剤をどうやって選べばよいのかということがあります。実際、筆者も多くの接着剤の選定を行ってきましたが、化学系技術者の方々が指南されている選定方法では目的のものに行き着くのは困難を極めます。

第四の課題は、接着の設計法や指針が明確化されていないため、設計者にとって接着を扱うのは大変な労力を要するという点です。

そこで、接着剤を用いて部品や機器を製造する設計・生産技術者の方々の悩みを、少しでも解消するために本書を執筆しました。

接着は多くの技術の境界領域に位置する技術であり、関連するすべてのことを知るに越したことはありませんが、多忙な企業の技術者が専門領域外の技術まで習熟することなど到底できることではありません。実際、接着に関わる立場によって必要な技術と知らなくてもよい技術は異なっています。そこで**第1章**では、部品や機器の設計・生産技術者が知っておくべきこと、知らなくてもよいことを、**第2章**では、接着剤を使ってものづくりを行うために最低限知っておいていただきたい接着の基礎知識を記載しました。**第3章**では、筆者自身が接着剤を選ぶときに何を考え、どうやって候補品に近づき、さらに絞り込んできたかということを改めて見直し、部品・機器の設計・生産技術者でも行える「接着剤の新しい選び方」を初めてまとめてみました。

第4章では、設計基準や設計指針の一助とするため、筆者が長年にわたって開発してきた接着の実力強度、接着部の必要強度・面積、作り込みの程度などを簡単に見積もる「Cv接着設計法」について記載しました。この章も初めての執筆となります。

なお、本書では、これまでに筆者があまり執筆してこなかった内容を中心としたため、既刊書籍で記述した内容に関しては割愛した部分も多々あります。これらに関しては既刊書籍を参照いただきたく思います。

本書が部品や機器の設計・生産技術者のお役に立てれば幸いです。

2021年12月

原賀 康介

ユーザー目線で役立つ
接着の材料選定と構造・プロセス設計

目　次

第3章 ユーザー視点からの“新しい”接着剤の選び方

第4章 高信頼性・高品質接着のための目標値と簡易設計法

付　録

第 1 章

接着剤のユーザーが知っておくこと、知らなくてよいこと

1.1 接着は境界領域の技術

接着剤による接合は、**図1.1.1**に示すように多くの技術の境界領域に位置する技術です。

例えば、高分子材料の分子構造、合成、組成・配合、反応、液体や硬化物の物性、接着しようとする材料の物性、表面の性状や特性、接着剤と接着表面の相互作用、結合、接着体の力学的特性、破壊、計測技術、構造設計、計算力学(有限要素法解析)、化学的や力学的な劣化、ばらつきや信頼性に関する統計的扱い、欠陥の検査技術などが関係してきます。

接着に関係する多くの技術分野に精通することは理想ではあっても、接着の研究者ではないさまざまな専門分野の技術者にとっては現実的には無理なことでしょう。

もし、接着に関するすべての技術に精通しなければうまく使えないようなら、接着は、特殊な固有技術としか言いようがなく、部品や機器の組立の汎用的な接合方法としては不適な方法としか言いようがありません。

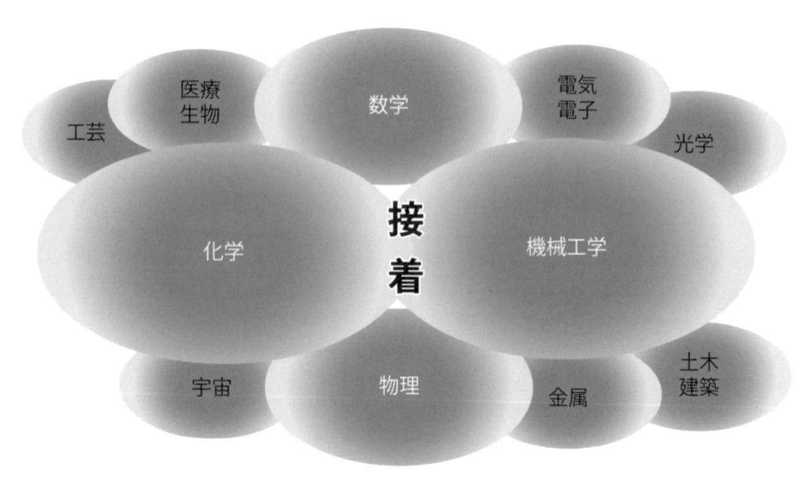

図1.1.1　接着を取り巻く多くの分野

1.2 接着剤を作る立場と使う立場で必要な技術は異なる

接着に関わる技術者の立場で眺めると、**図1.2.1**に示すように接着剤を開発、製造する企業の技術者と、接着剤を用いて部品や機器を製造する企業の技術者に大別できます。

接着剤を製造する企業の技術者が必要とする知識と、部品や機器を製造する企業の技術者が必要とする知識と、そのレベルは同じではありません。それぞれに必要な技術や知識とそのレベルは技術者の立場で大きく異なるはずです。

接着を使う立場の技術者に必要な技術や知識としては、接合部に要求される機能、特性、品質を満足させるための構造設計、材料設計、強度設計、プロセス設計、設備設計、品質設計などでしょう。接着剤の作り方や細かい成分の詳細や反応などの知識はあるに越したことはありませんが、なくても支障はありません。

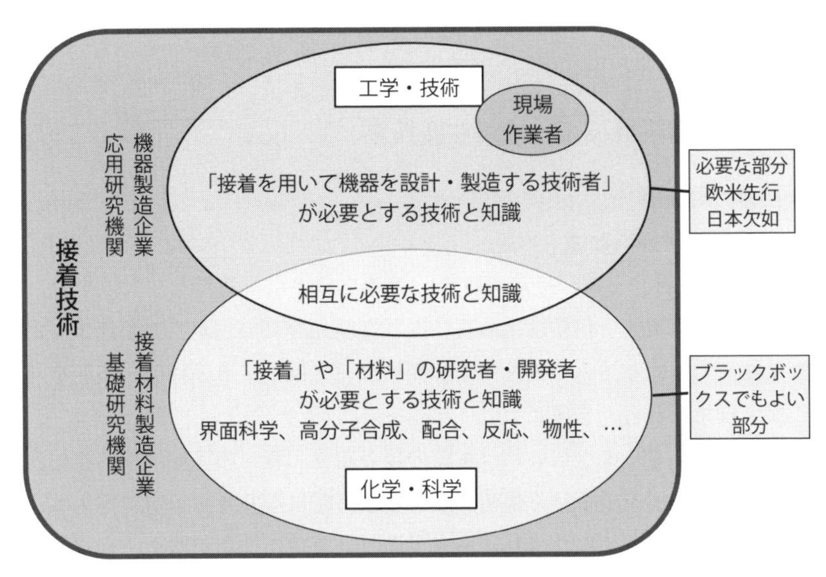

図1.2.1　<接着剤メーカー>と<接着ユーザー>で必要な技術は異なる

1.3 開発段階での品質作り込みの重要性

1.3.1 接着は特殊工程の技術

接着という接合技術は完成後の検査が簡易にできないため、溶接と同様に「特殊工程の技術」に分類されています。

1.3.2 設計と生産技術は車の両輪

接着を工業的に使うためには、接着特性に優れ、ばらつきが少なく、信頼性、品質に優れていることが必要です。

接着によるものづくりでは、設計が終了してから生産技術者が引き継いで生産プロセスや設備を考える、というシリーズ的な開発ではうまくいかないことが多々あります。開発初期の段階から設計技術者と生産技術者が車の両輪のごとくに、コンカレントに開発を進めることが重要です。

1.3.3 接着設計技術と接着生産技術

(1) 接着設計技術

(1-1) 接着設計技術とは

「接着設計技術」とは、接着の特徴・機能を最大限に活用し、欠点をカバーして高性能・高機能で信頼性・品質に優れた製品を高い生産性で製造するための開発段階での作り込みの技術です。簡単に言えば、接着の特徴・機能を「使いこなす技術」と言えます。

接着設計がうまくできていれば実際の接着組立工程での管理は楽になり、安定した品質の製品を効率良く生産することが可能になります。逆に言えば、接着設計がうまくできていなければ組立現場では無駄な作業が増え、安定した品質や効率的生産に支障が生じることとなります。すなわち、「接着組立の品

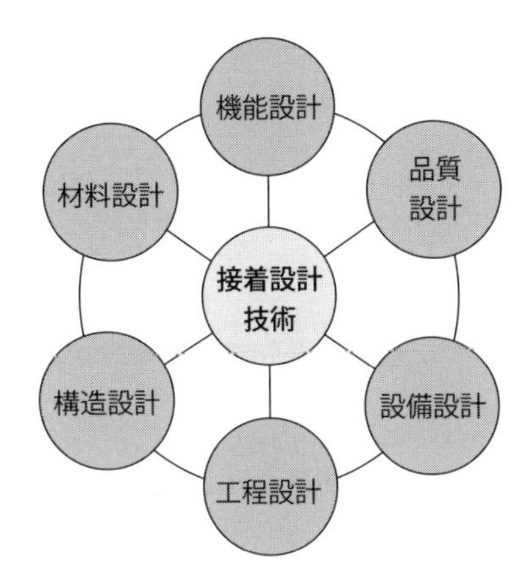

図1.3.1　接着設計技術とその構成要素

質、生産性は接着設計で決まる」と言えます。

(1-2) 接着設計技術の構成要素

接着設計技術は、**図1.3.1**に示すように、①機能設計、②材料設計、③構造設計、④工程設計、⑤設備設計、⑥品質設計などの要素技術で構成されています。

これらの要素技術は、それぞれが独立して存在するものではなく、各要素技術は相互に強く関連しており、それらの強力な連携の下に接着設計技術は成り立っています。

(1-3) 各要素技術の内容

①機能設計では、接合という機能だけでなく、接着から得られる効果をいかに多く盛り込み、接着の欠点をいかにカバーするかということを検討します。

②材料設計では、接着剤だけでなく部品の材質・表面状態の検討も行います。性能面と併せて、工程の簡素化や作業の許容範囲を広く取れる材料系（被着材料の材質・表面状態、前処理関係の材料、プライマー、接着剤など）を検討します。

③構造設計では、高強度を得るためだけでなく、作業しやすく、間違いを回避でき、破壊に対する冗長性を確保できることも併せて検討します。

④工程設計では、工程面からどのような接着剤や構造が最適かを考えます。工程内検査の方法や自動化と人手作業の最適化も検討します。

表1.3.1　接着設計技術の構成要素と内容

構成要素	要素の内容
機能設計	◆接着技術に関する機能設計は、接着接合が有する多くの特徴・機能を製品設計にいかにうまく生かすか、接着の欠点をいかにうまくカバーするか、という技術 ◆一つの接着で接着の有する効果をいかに多く達成させられるかがポイント ◆単純な組立手段としての接着ではなく、接着部に他の機能も持たせた「生きた接着」に仕上げる技術が「接着の機能設計」
材料設計	◆材料設計は、製品に要求される接着の機能を満足させながら、刻々と変化する部品の状態、接着剤、作業環境などに広い作業許容条件範囲で対応できるための材料系の作り込みの技術 ◆対象となる材料・技術 　部品の材料（被着材料）とその表面の状態 　洗浄剤、表面処理技術・表面改質技術 　プライマー 　接着剤、など ◆材料や部品は購入品である場合が多いが、接着に適した安定した品質を確保するために材料メーカーや部品メーカーなど上流に遡った情報収集、協議、改良も必要 ◆使用する材料系での作業の最適条件と許容範囲の明確化、および部品、接着剤、作業環境などが許容範囲内であるかどうかを判定するための検査方法の開発も必要
構造設計	◆通常、高強度を得るための「継手設計」と考えられがちであるが、それだけではない ◆「特殊工程の技術」で、液体を用いる組立は、ねじや溶接のような従来の構造のままではうまく行かない場合が多く、「液体に適した部品構造」を考えることも大きなポイント ◆構造設計では、例えば、 　・部品の要求機能を低下させない構造 　・貼り間違いを防止する構造 　・接着剤を塗布しやすい構造 　・塗布した接着剤が垂れたり掻き取られたりしない構造 　・硬化までの仮固定が容易な構造 　・接着剤のはみ出しを防止する構造 　・工程ごとの検査がやりやすい構造 などを考慮する
工程設計	◆接着組立のプロセスは、使用する接着剤の種類、性状・物性、接着部の構造、部品の材料などにより大きく異なる

⑤設備設計では、設備だけでなく組立治具の検討も重要です。

⑥品質設計では、信頼性やばらつきの目標値を明確化し、目標値達成の面から各要素技術の検討内容を詰めていきます。

接着設計技術の構成要素と内容を**表1.3.1**に示しました。

接着設計の段階で、各要素技術を総合して、接着作業に関わる工程ごとの最適条件と許容範囲を明確に決定することが重要です。

(2) 接着生産技術

(2-1) 接着不良品の発見・補修は困難

接着剤での組立が終了した後に、その接着部の健全性を非破壊で検査するこ

工程設計	◆開発当初に、候補となる各種の接着剤の種類、性能・物性ごとに組立プロセスがどのようになるのかを複数書き出して、それぞれの長所・短所を明確にして最適な組立プロセスを選定することが重要 （参考）【付録3】の接着剤別使用上の注意点・管理のポイントのチェックリストなどを活用する ◆接着接合には、表面処理・表面改質、接着剤の計量・混合・塗布、部品の位置合わせ・貼り合わせ、加圧・固定、加熱・養生、仕上げ・検査など多くの工程がある いずれかの工程でトラブル停止した場合の対策を立てることも重要 ◆組立が終了した製品で接着の健全性を評価することは容易ではない。そのため、各工程において検査が必要となるので、検査方法の検討も重要 ◆組立や検査を自動で行うのか、人手で行うのかの最適化も必要
設備設計	◆接着組立で使用する設備 洗浄・乾燥、表面処理・表面改質装置 接着剤の計量・混合・塗布装置 位置合わせ・貼り合わせ装置 加圧・固定装置 加熱・養生装置 仕上げ装置 検査装置、など ◆設備は、材料設計、構造設計、工程設計で材料・構造・工程が決定した後に検討されるケースが多いが、設備面から材料、構造、工程を最適化することは低コストで高品質の組立を行うために重要であり、材料設計、構造設計、工程設計とコンカレントに開発を進めることが重要 ◆接着組立においては治具の出来映えが作業性を大きく左右するため、各工程での治具設計、工具設計も重要
品質設計	◆接着接合物の品質は接着強度と耐久性で判定されることが多いが、それだけではない ◆接着強度には当然ばらつきがあるので平均強度で考えることは不適当 ◆また、いくら接着強度を高くしても、接合界面で破壊する界面破壊の場合は強度ばらつきが大きくなり、低強度のものも多く含まれるため適正とは言えない ◆最低限、「高品質接着の基本条件」である次の2点を満足させるように、材料設計、構造設計、プロセス設計で詰めていくことが必要（→詳細は、4.1参照） ①接着剤と被着材の界面で破壊する界面破壊を少なくして、接着剤の内部で破壊する凝集破壊の割合（凝集破壊率）を高くすること。凝集破壊率は40%以上を確保すること ②接着強度のばらつきをできるだけ小さくすること。ばらつきは変動係数*Cv*（標準偏差/平均値）で評価し、初期状態における変動係数は最低限0.10以下にすること

とは容易ではありません。また、部品の位置ずれが見つかった場合に、部品を傷つけずに分解・再生することも容易ではありません。接着品の歩留まりを上げ、常に安定した品質の接着組立を行うためには、接着組立の各工程での適切な作業管理が重要です。

(2-2) 接着生産技術とは

「接着生産技術」とは、「接着設計」段階で規定された最適条件と許容範囲に従って、適切な接着組立を行うために組立現場において実施される検査や管理の技術です。接着される部品の状態、接着剤、作業環境などは時々刻々と変化しているので、接着工程ごとにその変化をいかに的確に捉えるかが高い品質で効率的な組立を行う基本となります。

(2-3) 接着生産技術の構成要素

接着生産技術は、**図1.3.2**に示すように、①部品管理、②材料管理、③工程管理、④設備管理、⑤検査・品質管理などの要素技術で構成されています。

これらの要素技術は独立して存在するものではなく、各要素技術は相互に強く関連しており、それらの強力な連携の下で接着生産技術は成り立っているのです。

(2-4) 各要素技術の内容

①部品管理では、材料に間違いはないか、寸法は公差内か、接着面の状態は適切かなどのチェック法を決めます。

②材料管理では、前処理から接着までの工程で用いるすべての材料が適切な状態かのチェック法を決めます。不適切状態の判定方法も必要です。

③工程管理では、前工程までの作業は正しいか、規定された許容範囲内の条件で作業がされているか、実施した作業は適切だったかのチェック法を決めます。トラブル時の対応手順もこの段階で決めておきます。

④設備管理では、設備・治工具・器具などが許容条件を超える要因を明確にし、管理する方法を決めます。

⑤検査・品質管理は、最終工程での検査ではなく、各工程での操作・条件を数値化し、各工程にフィードバックする方法を決めます。教育・指導・訓練のプログラムも作成します。

接着生産技術の構成要素と内容を、**表1.3.2**に示しました。

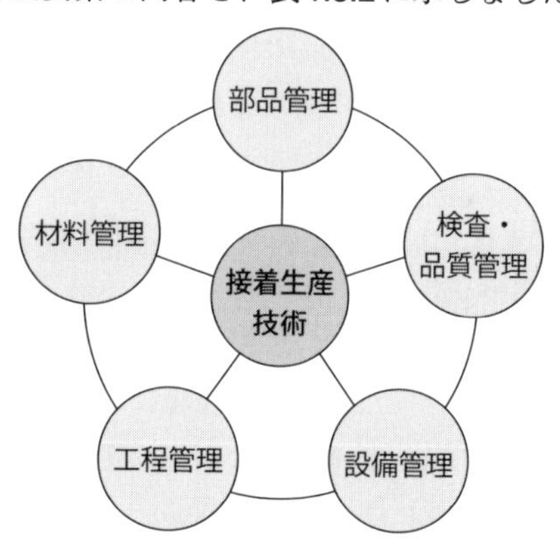

図1.3.2　接着生産技術とその構成要素

表1.3.2　接着生産技術の構成要素と内容

構成要素	要素の内容
部品管理	◆接着に関する部品管理とは、組立工程に投入される部品が「図面通りにできているか」「材質に間違いはないか」「接着に適した状態になっているか」を管理すること ◆何も管理をせずに組立を行い、検査段階やフィールドで不具合が見つかっても“後の祭り”
材料管理	◆洗浄剤、プライマー、接着剤などは化学製品であり、複数の成分からなる混合物。そのため、材料のロット、保管の環境・期間、組立作業場の環境などで性状・物性が常に同じとならない ◆接着剤やプライマーは種類によって反応機構が異なるため管理項目も異なる ◆材料管理技術は、材料の成分、性状・物性、反応機構などを理解した上で材料の変化を敏感に捉えて常に最適な条件で使用できるように管理する技術 ◆物性・特性に影響する因子を洗い出して、最適条件と許容条件を明確化して管理基準を作成することが必要 （参考）【付録3】の接着剤別使用上の注意点・管理のポイントのチェックリストなどを活用する
工程管理	◆接着組立工程は、基本的に次の工程でなされる ①部品の形状・寸法・材質・表面状態の検査、②接着前処理（脱脂など）、③表面処理・表面改質、④接着剤の計量・混合・塗布、⑤貼り合わせ・位置合わせ、⑥仮固定・圧締、⑦はみ出し接着剤の除去、⑧硬化・養生、⑨仕上げ・検査 ◆各工程での作業は、「接着設計」段階で規定された最適条件と許容範囲内の条件で作業を行えば問題ないが、作業条件が許容範囲内に入っているかどうかの管理は工程管理の担当項目 ◆前工程までの作業がきちんとできているか、その工程で行った作業は後工程に問題はないかの確認・管理も工程管理の担当項目 ◆接着剤やプライマーなどは化学品であるため、工程でトラブルが発生した場合、作業場の温度や湿度などによって対処法や対処に許容される時間は変化する。材料の成分、物性、反応機構などを理解した上で適切な対処を行うための手順作成も工程管理の重要項目 ◆【変更点管理】作業手順、方法、条件を勝手に変更することは厳禁 工程改善のために作業要領書で規定された内容から何らかの変更を行う場合は、作業者は工程管理者に事前に変更内容を提案し、工程管理者は工程設計者とともに変更内容の適否を吟味し、変更点通知書に記録、承認後に初めて変更を実施する。このステップを義務づけることが重要
設備管理	◆「設備管理」は、設備や治工具、器具などが常に最適な作業条件を維持できるように調整・管理する技術 ◆設備が順調に稼働していたとしても、例えば、二液の配合比のずれ、混合の程度、塗布ノズル内の接着剤ゲル化物の付着状態、接着剤内への気泡の混入状態などは変化することもある ◆使用する材料の成分、性状・物性、反応機構を理解した上で、それらの変化を見分けられる『診断能力（予知能力）』も必要 ◆組立治具への接着剤の付着硬化は、後から組み立てる製品の精度に直接影響するため、常に清浄にしておくなどの管理も必要
検査・品質管理	◆接着組立が終了した製品での接着部の健全性の検査は困難であるため、各工程において検査をすることが重要 ◆基準値から外れていた場合には、次工程に流さずに、前工程に遡って原因を究明して対策を講じることが必要 ◆トラブル時の原因究明に必要なデータを決めて、データを取得・分析・管理する ◆完成した接着部品の性能評価は、一般に抜き取りやダミーサンプルによる接着強度試験がなされる。接着作業場の近くに強度試験機がない場合でも、簡便に試験ができるように検査方法や検査装置を開発することも必要 ◆接着作業には、表面処理・表面改質から接着作業までの時間、接着剤の計量・混合から貼り合わせまでの時間、硬化時間など経過時間が接着品質に及ぼす影響は大きい。作業場の温度も同様。そこで、組み立てた部品ごとに各工程での経過時間と温度を自動記録しておくと不具合が生じたときの原因究明に有効 ◆接着工程において高品質な接着を行うためには工程管理者や作業者の教育・指導・訓練が重要。重要な部分の接着の場合は、認定作業者による指名作業工程とすることも必要

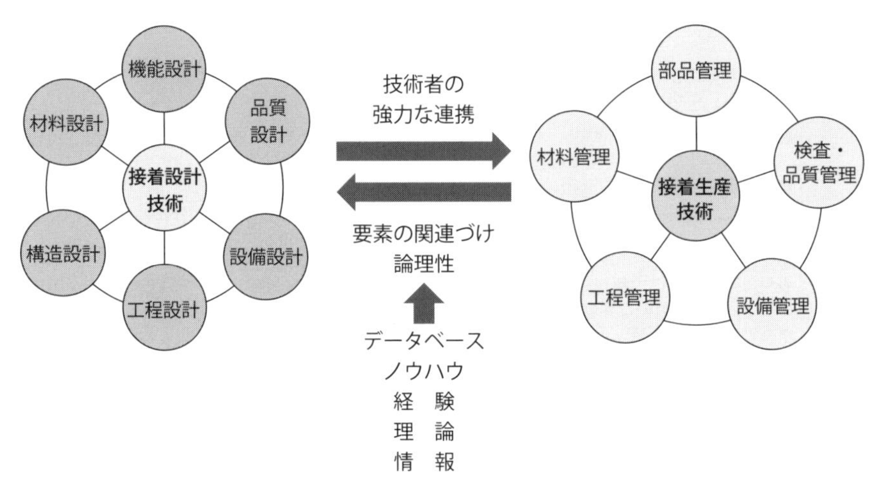

技術分野が多岐にわたるため、社内関係者に限らず
各種関連メーカーとの連携を強化することも重要

図1.3.3 コンカレント・エンジニアリングの実践

「接着生産技術」は実際の製造工程での管理の技術ですが、「接着設計」がすべて終了した段階から検討を始めるのではなく、「接着生産技術」と「接着設計技術」はコンカレントに相互にリンクして技術の作り込みをしていくことが必要です。

(3) コンカレントな開発を行う

開発段階では、接着設計技術や接着生産技術の各要素技術に関して最適化を図っていきますが、ある要素技術で条件が変われば他の要素技術にも影響が出てきます。このため、**図1.3.3**に示すように、開発段階では各要素技術の技術者が連携し合って接着設計技術と接着生産技術を有機的に結びつけ、コンカレントに開発を進めることが大切です。

第2章

これだけは知っておきたい接着の基礎知識

2.1 接着接合の特徴

2.1.1 接着の利点と得られる効果

(1) 接着の特徴

接着には溶接やボルト・ナット、ねじなどの接合にはない多くの利点があります。**表2.1.1**に接着の利点を示しました。

①異種材の接合が容易

代表的な利点は、何と言ってもさまざまな材料を材料の組合せが異なっていても容易に接合ができる点でしょう。

②面での接合

接着は、ボルト・ナット、ねじ、スポット溶接、リベットのような点状や、アーク溶接、レーザー溶接、シーム溶接のような線状の接合ではなく、面での接合であるので、厚さが薄い材料や強度が弱い材料でも材料自体が先に破壊するまでの強度を得ることができます。紙同士をステープラーと両面テープで接合して引っ張ると、ステープラーでは弱い力で接合部の穴から紙が破れますが、両面テープの場合は接合部が破壊する前に、貼り合わせ部以外で紙がちぎれてしまいます。

図2.1.1は、アーク溶接、スポット溶接、リベットで2.3 mm厚さの鋼板同士を接合したものと、接着剤で1.6 mmの鋼板同士を接着したものの繰返し疲労試験の結果の比較です。面接合の接着では、薄板化しても優れた疲労特性を示すことがわかります。

③高温を要しない

接着接合は、接合時に溶接やろう付け、はんだ付けのような高温を必要としません。低い温度で接合が行えるので熱に弱い材料でも接合でき、接合時に生じる熱ひずみが小さいという点も大きな利点です。

④隙間充填性を有する

微小部品から大物部品まで合わせた全面を、隙間なく接合できる点も大きな

表2.1.1　接着接合の利点

区　分	利　点
性能面	◆接合できる材料が広範囲 ◆異種材料の接合ができる ◆部材の機能を損なわずに部材表面で接合ができる ◆微小部品から大物部品まで接合できる ◆大面積でも全面の接合が容易にできる ◆隙間充填性がある ◆接合ひずみが小さい
作業面	◆接合に高温を要しない ◆接合時に部材に局所荷重が加わらない ◆大がかりな設備が不要 ◆屋外での現場作業もできる ◆熟練技能が不要
その他	◆接合に要するエネルギーが小さい ◆火気レス工法である

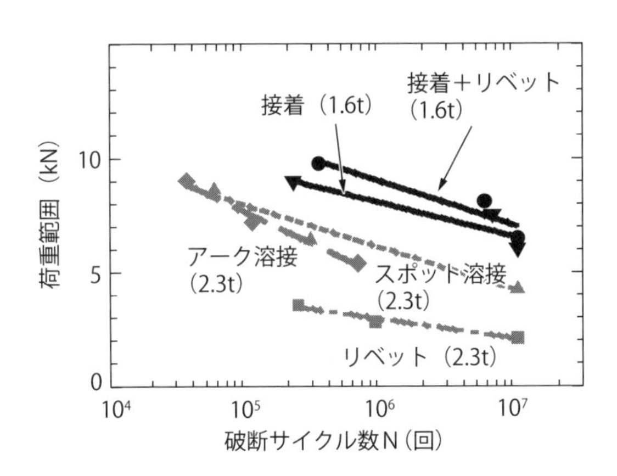

図2.1.1　各種接合法の疲労特性の比較

利点です。

⑤熟練技能を要しない

熟練技能が不要で、屋外などの現場作業も可能という点も利点の一つです。

(2) 接着の特徴から得られる効果

接着の特徴を活用することによって、**表2.1.2**に示すような多くの効果を得ることができます。

表2.1.2　接着接合の利点から得られる効果

接着の採用により得られる効果		接着の利点の活用点
軽量化	異種材接合	◆広範囲の異種材接合が容易にできる ◆シール性による電食防止が可能 ◆低温接合により熱変形や熱応力を低減可能
	薄板化	◆面接合で応力分散ができるため、板厚を低減しても接合強度を維持できる
	締結部品廃止	◆高分子材料による薄層での接合のため、ねじやリベットなどの金属締結部品より軽量
低強度部材の高強度接合		◆面接合で応力分散ができるため、発泡材料や紙などの低強度材料でも部材強度まで接合強度を確保できる
小型化・高密度化		◆部材を傷つけずに部材表面で接合できるため、締結のための部位は不要で小型化・高密度化ができる
高精度化	部品の加工精度吸収、高精度位置決め	◆隙間充填性を活用することにより、組立後の精度を維持しながら接合面の加工精度を低減できる ◆接合時に大きな力が加わらないため、位置ずれや変形が生じにくい
耐疲労特性の向上		◆面接合で応力が分散されるため、応力集中による接合部からの疲労亀裂が生じない ◆板厚を低減しても母材自体と同等の疲労特性を得ることができる
剛性向上		◆面接合により共振点を上昇できる
振動吸収性の確保		◆強靭性のある接着剤を用いることにより、面接合性と隙間充填性により振動減衰効果が得られる
接合とシールの兼用		◆面接合性と隙間充填性により、接合とシールを同時に行うことができる
平滑性の確保	意匠性向上、空気抵抗低減	◆接着は部材表面での無傷接合のため、ねじやリベットの頭やスポット溶接の圧痕などがなく平滑に仕上がる ◆表面が平滑に仕上がるので空気抵抗を低減できる
意匠性向上	素材変更	◆接着は低温で接合ができるため、熱に弱い意匠材料でも採用することができる
コストダウン	材料費低減	◆異種材接合性により適材適所の材料選定が可能となり、安価な材料の採用ができる ◆面接合で薄板でも高強度に接合ができるため薄板化が可能 ◆高価な締結部品を廃止できる
	工程合理化	◆溶接などの高温接合で生じる熱ひずみの除去・修正作業が廃止できる ◆平滑に仕上がるため塗装時のパテ作業が廃止できる ◆接合と同時にシールができるためシール作業を廃止できる ◆隙間充填性により、接着面の加工精度を低減できる
	熟練技能不要	◆溶接のような熟練技能が不要なため作業者の確保が容易となる
	設備の初期投資	◆接着では高価な設備はほとんど使用しないため設備の初期投資額が少なくて済む
	加工エネルギー低減	◆接着は低温接合のため、接合のためのエネルギー消費量が少ない
稼働状態での工事が可能	火気レス工法	◆接着は溶接のように火気の発生や使用がないため、稼働中のビルやプラントでの工事が可能。養生シートなどの設置も不要

①適材適所化、軽量化、材料費の低減

異種材接合性や面接合による応力分散性、低ひずみ接合性などによる材料の適材適所化や、薄板化による軽量化や材料費の低減などは接着活用の最たる効果でしょう。

②小型化、高密度化

部品にねじなどでの締結部分を作り込む必要がなく、部品の表面をそのまま接合できることは部品の小型化・軽量化につながり、高密度実装を可能としています。

③工程合理化、コストダウン

溶接やろう付けのような高温での接合では熱ひずみが大きく、ひずみ除去や精度確保にコストがかかり、ねじやスポット溶接などの点接合ではシール性がないため、接合後にシールが必要です。接着は熱ひずみが少なく、接合とシールを兼ねることができるため、工程合理化によるコストダウンも可能となります。

④加工精度の低減

接着剤は液体なので、部品の隙間を埋めることができます。これを接着剤の隙間充填性と呼んでいます。この利点を活用すれば、**図2.1.2**に示すように部品の加工精度を低減して加工コストを抑えることができます。(A)のように、二つの部品をねじで締結して上下面の平行度と締結後の厚さを公差内に納めるためには、各部品の上下面の加工精度を高くしなければなりません。接着を用い

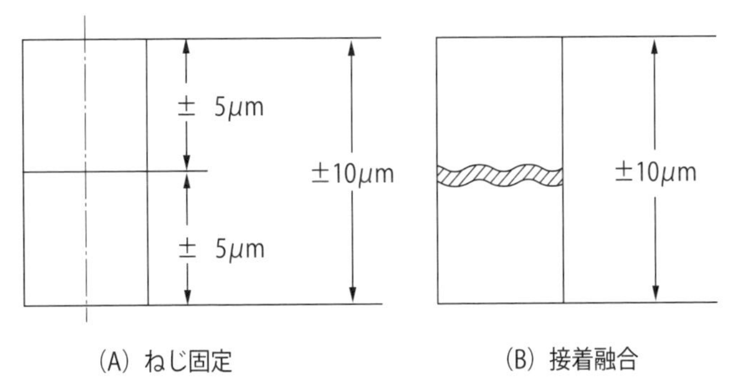

図2.1.2　接着の隙間充填性の活用による部品の加工精度低減の例

れば、(B)のように部品の片面のみ高精度に加工し、接着面の加工精度や厚さの精度を落として、治具で上下面の平行度と厚さ精度を確保した状態で接着剤を硬化させれば、高精度の接合が安価に可能となります。大きな定盤を製造する場合にも、片面のみ高精度な平面加工をしたブロックを基準の定盤に並べて、各ブロックに接着剤を塗布して台板を接着すれば基準定盤の平面度と同じ定盤を容易に作ることができます。

⑤火気レスで安全な工法

ビルや工場などを稼働しながら工事を行う場合、溶接では火気に対する養生が必要で、近くで塗装を行っている場合などは火花による引火の恐れもあります。多くの接着剤は現場施工ができ、室温で硬化できる火気レス工法が可能です。この点から、最近では船舶の艤装工事でも、溶接に代わって接着が用いられるようになっています。

2.1.2 接着の欠点と対策

(1) 接着の欠点

接着で失敗した経験のある人は大勢います。このため、接着の欠点はよく知られています。**表2.1.3**に接着接合の欠点を示しました。

大きな欠点は、接着剤の選定が難しい、表面処理や接着剤の計量・混合などの面倒な作業がある、接着性能に影響する因子が多く性能がばらつきやすい、耐久性が不明確、強度設計の基準がない、失敗したときのやり直しが困難、などでしょう。また、単位面積当たりの接合強度では、溶接やボルトとなどに比べて低く、点での接合には向かない点や局所荷重に弱い点も欠点です。

(2) 欠点の解消策―複合接着接合法―

接着には種々の欠点がありますが、接着以外の接合方法にも必ず欠点はあるものです。欠点があるから使わないというのではなく、接着が持つ多くの利点を考えれば、欠点をカバーするにはどうすればよいかを考えることが重要になります。

以下に、接着と他の接合方法を併用して接着の欠点を解消する「複合接着接合法」を紹介します。

表2.1.3　接着接合の欠点

区　分	欠　点
接合メカニズム面	◆化学的な反応や界面での結合が接着のベースであり、接合状態を可視化しにくい ◆機械系技術者には扱いにくい ◆接着剤の選定が難しい ◆被着材料や表面状態で接着性が異なる
性能面	◆単位面積当たりの強度が低い ◆局部荷重に弱い ◆温度で特性が変化しやすい ◆高温使用に限界がある ◆火災時に燃焼する ◆データベースがなく、耐久性が不明確
作業面	◆硬化に時間がかかり、手離れが悪い ◆液体を用いる接合である ◆表面処理、接着剤の計量・混合など面倒な工程がある ◆材料の保管状態や作業環境（温度・湿度）の影響を受けやすい ◆やり直しが困難
設計面	◆設計強度の基準が不明確 ◆構造設計の指針が不明確
品質管理面	◆接着特性のばらつきが大きい ◆完成後の検査が困難 ◆特殊工程の管理が必要

代表的な複合接着接合法としては、**図2.1.3**に示すように、接着と(A)スポット溶接の併用、(B)リベット（ファスナー）との併用、(C)メカニカルクリンチング（プレスかしめ）との併用、(D)SPR（セルフピアシングリベット）との併用などがあります。接着とスポット溶接の併用は「ウェルドボンディング」と呼ばれ、自動車のヘミング部やプレス板金部品の接合に多用されています。ウェルドボンディングは、スポット溶接ができる金属の組合せでなければ使えませんが、リベットやSPR、メカニカルクリンチングは異種材にも適用でき、自動車の軽量化でアルミ板と鋼板の異種材接合にも使われています。リベットは穴加工が必要ですが、多様な材質に容易に適用できるため多くの機器組立で使われています。これら以外でも、ねじやスナップフィットなど用途に応じて広範な組合せが可能です。

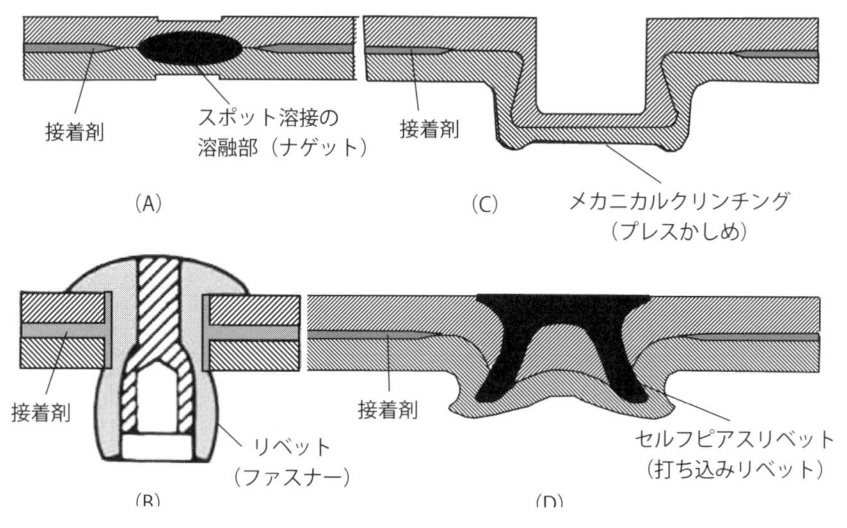

図2.1.3　接着と他の接合の種々の併用方法の例

複合接着接合法によって、接着作業の最大の課題である接着剤硬化までの治具での圧締や待ち時間が不要になります。リベットと組み合わせれば、部品の穴で位置が決まるので部品の位置合わせはきわめて容易になり、素人工でも高精度な作業が容易にできます。**図2.1.4**[1)]に示すような立体的な構造体でも治具なしで容易に組み立てることができます。

多くの接着剤は有機物で絶縁物なので、接合した部材間の導通が取れません。また、接着剤は有機物であるために長期間にわたって力が加わり続けると、クリープというズレの現象を示します。金属締結を併用することにより、これらの欠点を解消することができます。

さらに、1+1=3の複合効果を得ることもできます。例えば、接着とスポット溶接を併用すると、繰返し疲労特性をそれぞれの単独での疲労強度のいずれよりも高くすることができます。また、接着剤は高温になると軟らかくなるため接着強度が低下しますが、複合接着接合法では高温での接着部の破壊強度を高くすることもできます。

接着部の破壊は、一部が破壊を始めると短時間に全体に広がって破断に至ることが多々あります。複合接着接合法により接着部が破壊しても、破壊の進展

図2.1.4　接着とリベット併用による大型フレーム構造筐体
(2,000W × 2,000D × 2,700H × 3連　5ton × 3連)[1]

を止めて最終破断に至るまでの時間を延ばすことができます。このことは、破断に対する冗長性の向上という点で安全性・信頼性の点でも非常に重要です。火災で接着剤が燃焼しても、他の接合方法が併用してあれば最低限の形状を維持することもできます。

2.2 やさしい接着のメカニズム

2.2.1 接着の種類と結合の原理

接着の結合の原理は、大別すると次の3種類があります。

(1) 分子間力による結合

図2.2.1に示すように、接着剤も被着材料も分子の集まりでできており、それぞれの分子内では電気的に+と−に分かれています。この状態を「分極」していると言います。分極の程度は、分子の構造によって異なります。「分子間力」とは分子同士が電気的に引き合う力で、接着では接着剤の分子と被着材料表面の分子が電気的に引き合う力ということになります。接着剤の分子も被着材料表面付近の分子も、極性が高い（分極の程度が大きい）方が強く結合することになります。反応型接着剤が用いられる接着のほとんどは分子間力による結合です。

(2) 分子の相互拡散による結合

二つの被着材料が同種の溶剤に溶ける場合は、溶剤系の接着剤によって接着することができます。**図2.2.2**に示すように、接着剤の溶剤によって両方の被着材料の表面付近が溶融して押しつけることで、溶融した分子同士が相互に拡散して絡み合い、溶剤が揮発すると再び固体状となり結合するものです。塩化ビニル同士やアクリル樹脂同士の溶剤系接着剤による接着などがよく知られています。

未加硫ゴムでは、接着剤を用いなくても、重ねて置いておくだけでも表面付近の分子同士が相互に拡散して接合することがあります。これは「自着」と呼ばれています。熱に溶ける材料同士の表面を加熱溶融して押さえつけて接合する熱融着もありますが、これらは接着剤を使わないので一般には接着には分類されていません。

(3) 機械的結合

ブラストやエッチング、化成処理などがされた金属表面や多孔質材料などで

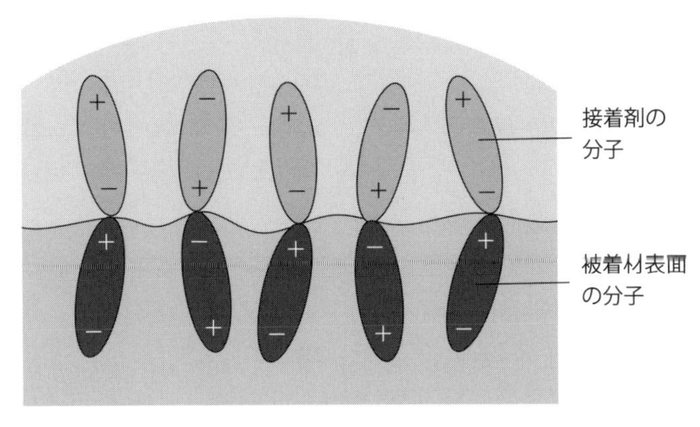

図2.2.1　分子間力による接合

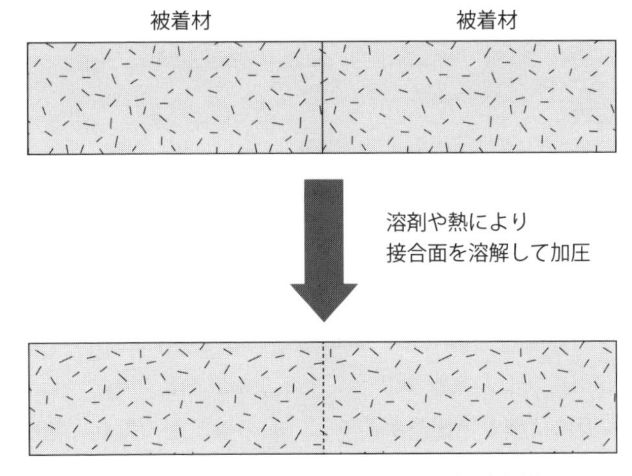

図2.2.2　分子の相互拡散による接合（溶着）

は、細かい入り組んだ凹凸や種々の結晶構造が形成されます。**図2.2.3**に示すように、表面の凹凸や結晶の間に接着剤が流れ込み接着剤が固化すると機械的に抜けにくくなることによる結合です。「アンカー効果」や「投錨効果」とも呼ばれています。反応型接着剤による接着では、分子間力による結合と機械的結合が組み合わされている場合が一般的です。機械的結合を積極的に活用し、エッチングで凹凸を設けた金属に、プラスチック成形材料を射出成形などで接着剤を用いずに直接接合する方法も実用化されています。

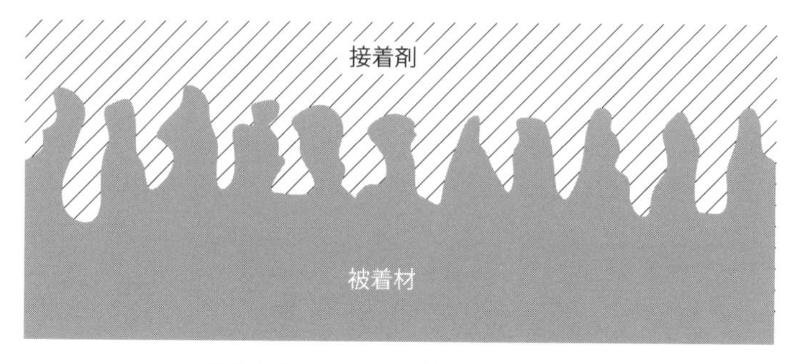

図2.2.3　アンカー効果による接合

2.2.2 分子間力による接着の過程と最適化

ここからは、工業用接着で多用されている分子間力による接着について述べていきます。

(1) 接着の過程

分子間力による接着の過程を**図2.2.4**に示しました。以下に、重要なポイントを述べます。

(2) 接着剤の分子と被着材料の分子間の距離を近づける

接着剤と被着材表面の分子の極性が高くても、分子同士の距離が近づかなければ引き合う力は発生しません。強い分子間力を得るためには、3～5Å（1Å＝0.0000001 mm）以下の距離まで近づけることが重要です。

被着材料表面には細かい凹凸があり、一般の接着剤のように粘度が高い液体は、**図2.2.5**に示すように塗布しただけで空気で満たされている細かい凹凸の内部まで自然に流入することは困難です。その結果、表面と接着剤が近距離で接触している面積は非常に少なくなり、強い接着はできません。表面に接着剤をよくなじませるためには、力をかけて塗布する、接着剤や被着材料を加温して接着剤の粘度を低下させて流動性を高くする、用いようとする接着剤を溶剤に薄く希釈してプライマーとして塗布し、溶剤を乾燥させて凹凸を浅くして再び接着剤を塗布する、などの方法があります。

(3) 被着材表面の極性を高くする

接着剤も被着材表面も、分子の極性が高ければ強い分子間力が得られます。

（STEP1）　接着面を清浄化、活性化する
※家庭での接着との相違点

（STEP2）　接着剤を塗布する

（STEP3）　接着剤の分子と被着材料の表面の
分子の距離を近づける

（STEP4）　分子同士の引き合いによる表面への
接着剤の濡れ広がりと結合力の発生

（STEP5）　接着剤の固化

（STEP6）　内部応力の発生

（STEP7）　接着機能の維持と劣化（環境・応力劣化）

図2.2.4　分子間力による接着の過程

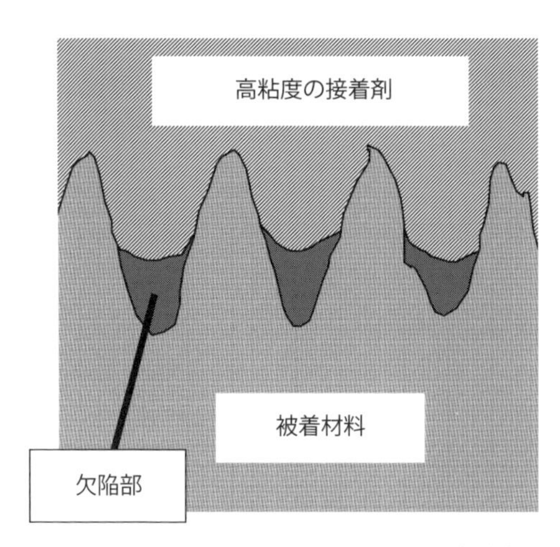

図2.2.5　凹部への接着剤の流入阻害による欠陥部の発生

接着剤の極性を高くするのは接着剤メーカーにお任せして、接着剤を使う側では被着材料表面の極性を高くする（活性化する）ことが必要です。被着材表面の極性を高くするというのは、すなわち、被着材の表面張力を高くすることに

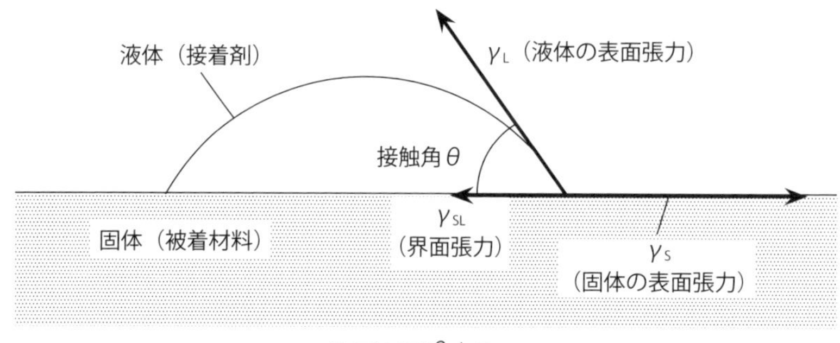

図2.2.6　固体と液体の表面張力と接触角

なります。被着材料の表面張力を高くするためには、表面の清浄化、表面処理による化成被膜の形成、表面改質などを行います。表面の清浄化は接着の基本ですが、表面清浄化だけでは、もともと表面張力が低い材料の表面張力を高くすることは困難です。また、表面に酸化膜や水酸化膜などの弱い層が残っていると、表面張力が高くても高い強度は確保できないため、除去することが必要です。工業製品に使用されているほとんどの部品の表面（空気中にある材料の表面）は、接着に適した表面張力を持っていないので、表面処理、表面改質は必須のプロセスと言えます。

(4) 部品の表面張力

液体の表面張力は、表面積を小さくするために玉になろうとする力ですが、固体の表面張力は液体を引っ張ろうとする力になります。表面に液滴を落とすと、**図2.2.6**のようにある状態で釣り合います。液滴と表面のなす角度θを「接触角」と呼び、固体の表面張力が大きいほど接触角は小さくなります。すなわち、接触角が小さいほど接着しやすい表面ということになります。

接着面の表面張力の測定法としては、接触角の他に、接着面に濡れ張力試験液を微量滴下して、液が広がるかどうかを見る方法（滴下法）もよく使われています。

では、どのくらい表面張力があればよいのでしょうか。空気中に置かれている材料の通常の表面張力は30 mN/m前後です。この程度では、接着できたとしても界面破壊で低強度しか得られません。筆者の経験からすれば、36 mN/

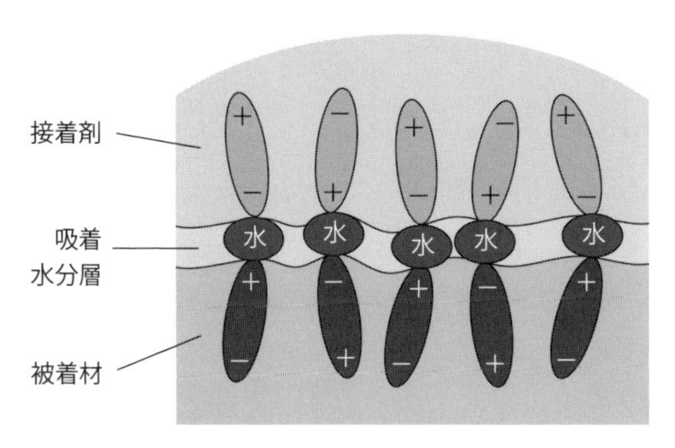

図2.2.7　理想的な接着の状態

m以上になれば接着して問題のないレベル、38 mN/m以上あれば十分な性能が出るレベルとなります。この数字は、濡れ張力試験液を用いて微量の液滴を落として液の広がり方で判断する滴下法によるもので、ダイン液と呼ばれるフェルトペンのようなもので接着面に線を引いて液のはじきを見る方法の場合は滴下法より4～5 mN/mほど高い数字となります。

(5) 最も強い分子間力「水素結合」

分子間力の中で最も強い結合は「水素結合」と呼ばれています。接着剤の水酸基（-OH）と水（H-O-H）や酸素（=O）、窒素（≡N）、カルボキシル基（-COOH）などとの間で形成されます。

(6) 表面改質

被着材料表面に、これらの強い吸着層を形成できれば強い接着ができることになります。**図2.2.7**は、被着材表面にごく微量の水を強く吸着させて接着剤と水の間で水素結合させた理想的な接着状態の模式図です。被着材料表面に水などの吸着層を容易に形成させるには表面改質を行います。表面改質の方法としては、大気中で波長の短い紫外線を表面に照射する方法、プラズマを照射する方法、火炎で炙る方法などが代表的な方法です。

図2.2.8に、短波長紫外線照射によるプラスチックの表面改質のメカニズムを示しました。大気圧プラズマ照射や火炎処理でも原理はほぼ同じです。紫外線のエネルギーと紫外線によって発生したオゾンにより表面の有機汚染物は二酸化炭素と水に分解されて除去され、露出したプラスチックの表面の結合が切

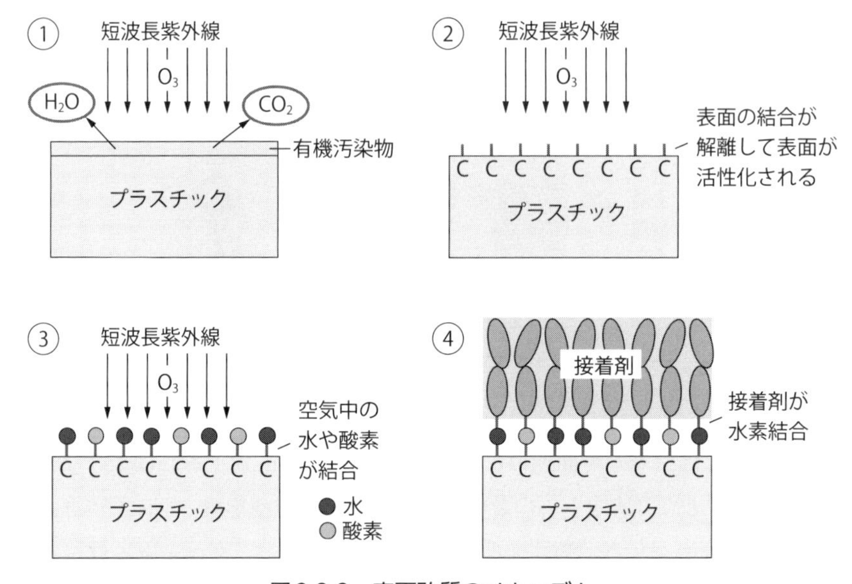

図2.2.8　表面改質のメカニズム

断されて活性な状態となり、表面張力は非常に高くなります。活性な表面は空気中の水や酸素などと簡単に結合を起こします。この面に接着剤を塗布すると、接着剤との間で強い水素結合が起こって結合します。これらの方法は金属やガラス、セラミックスなどでも接着性向上の効果が得られます。

図2.2.9[2] は、成形用樹脂のPPSおよびPBTにおける紫外線照射時間と表面張力、接着破壊強度の向上効果の例を示しました。30秒程度照射すると、表面張力は36 mN/mを超え、接着強度も大きく上昇し、破壊状態は初期の界面破壊から凝集破壊へと変化しています。長時間照射しすぎると表面が紫外線により分解劣化してくるため、接着表面に弱い境界層が生成して接着強度は低下してしまいます。

表面改質は、表面張力と接着強度、耐久性のバランスを見ながら最適条件と許容範囲を決めていく必要があります。接着面の表面張力をどのくらいに設定するかは、接着設計技術の材料設計の中で検討・決定すべき事項です。

(7) プライマー、カップリング剤処理

表面改質ができない場合は、清浄にした表面にプライマーやカップリング剤

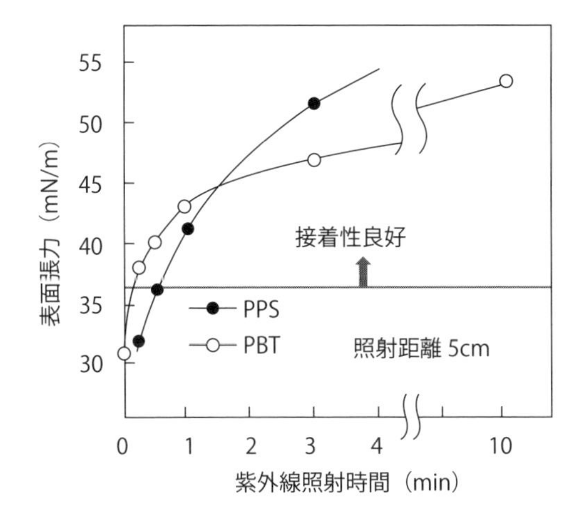

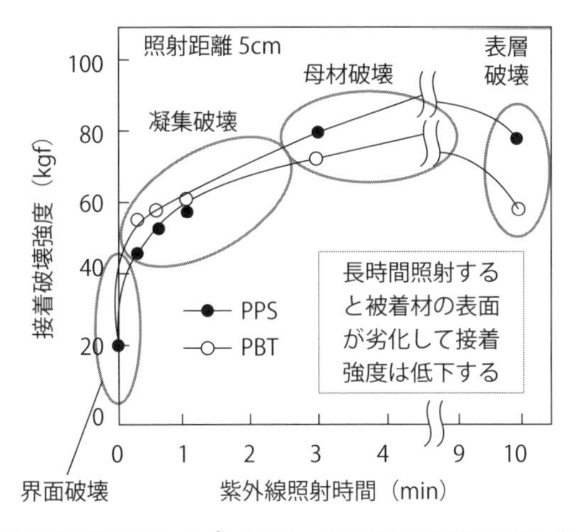

図2.2.9　短波長紫外線によるプラスチックの表面改質の効果（PPS、PBT）[2)]

と呼ばれる液体の下塗り剤を薄く塗布し、結合を強化する方法があります。

プライマーやカップリング剤は対象となる接着剤の種類、被着材の種類によって多くの種類があり、最適なものを選定することが必要です。表面改質を行った表面に、プライマーやカップリング剤を塗布する場合もあります。

プライマーやカップリング剤は、分子中に被着材表面と結合しやすい基（手）と接着剤と結合しやすい基（手）を持っていますが、分子同士が結合する手は持っていません。嫌気性接着剤で不活性材料を接着するときに、あらかじめ塗布するアクチベーターも同様です。そのため**図2.2.10**(A)のように単分子層であれば、被着材と接着剤は下塗り剤を介して強く結合しますが、塗布量が多くて(B)のように重なり合うと、下塗り剤の分子間に弱い箇所ができてしまいます。

図2.2.11は、プライマーの塗布量と接着強度、破壊状態の関係の模式図です。プライマーを少量塗布すると接着強度や破壊状態が良好になりますが、塗布量を多くすると接着強度は低下し、破壊状態も界面破壊となり、プライマーを塗布しない場合より悪くなります。

では、プライマー類をごく少量塗布するにはどうすればよいでしょうか。特殊な塗布装置を用いると、作業は繁雑になります。また、塗布されたかどうかの判定にも苦労します。簡単に微量の成分を塗布するためには、通常使用している下塗り剤を溶剤で10倍から30倍程度に希釈して、これまでと同じ方法で同じ量塗布します。溶剤が乾燥すれば、プライマーの成分はこれまでの1/10～1/30しか表面には残りません。簡単ですが、大きな効果が得られます。

ブラストした表面では、凹凸ができているため低粘度の下塗り剤は浸み込みやすく、凹部に溜まります。溶剤が乾燥すると凹部の底付近ではプライマーの成分が多くなり、接着性が低下します。ここでも希釈が重要です。

とにかく、下塗り剤は極力薄く塗布するようにしてください。

(8) 接着剤の硬化と内部応力の発生

接着剤は硬化中、すなわち、液体から固体になるときに体積が収縮します。接着剤を加熱硬化する場合には加熱後、室温まで冷却しますが、一般に被着材料より接着剤が大きく熱収縮します。このような硬化収縮や熱収縮によって接着部には力が働くことになります。このような力を「内部応力」と言い、多くの問題を引き起こす原因となります。内部応力に関しては、**2.3.8項**で詳しく延べます。

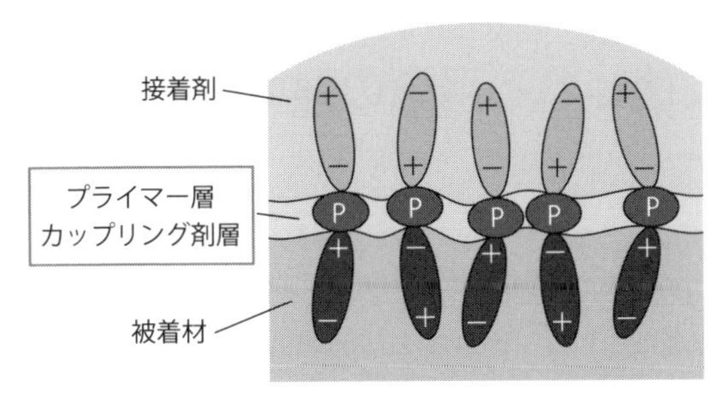

(A) プライマーやカップリング剤が薄い場合

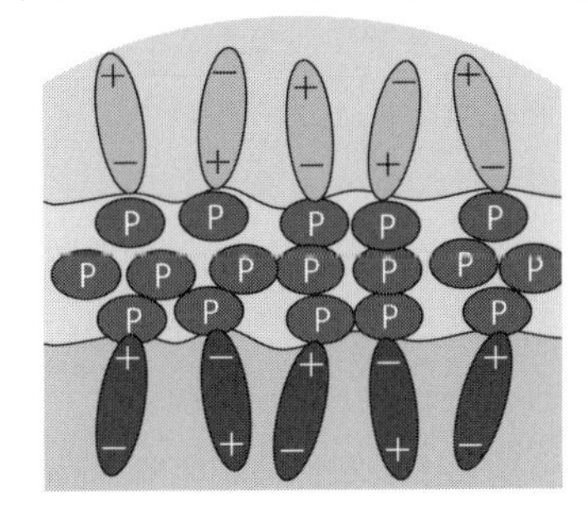

(B) プライマーやカップリング剤が厚い場合

図2.2.10　プライマーやカップリング剤の塗布量の影響

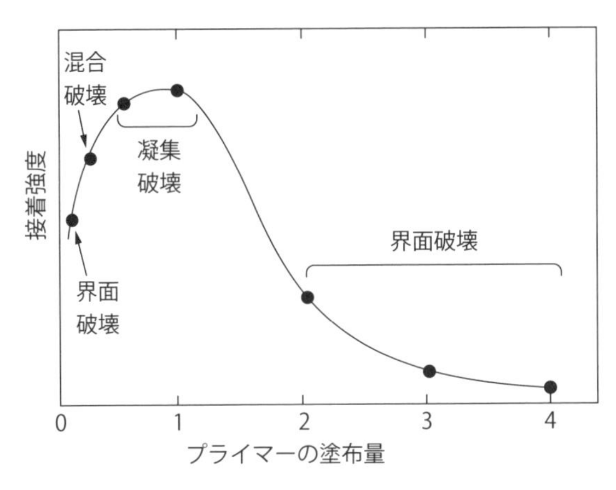

図2.2.11　プライマーの塗布量と接着強度、破壊状態の関係

2.3 よく使われる用語の意味と注意点

2.3.1 粘度・チキソ性

接着剤の粘度は重要です。カタログには室温での粘度は記載されていますが、温度を変化させたときの粘度はあまり記載されていません。粘度は低温では高く、高温では低くなります。低温での粘度は塗布のしやすさに影響し、高温での粘度は加熱硬化時の浸み込みや垂れにもつながります。

粘度は接着剤のロットでかなり変化します。カタログに粘度の範囲が記載されていない場合は確認が必要です。塗布装置を用いる場合の条件設定や、浸透性・肉盛り性、隙間充填性、加圧力・接着層の厚さなどに影響します。

粘度の高さと垂れの少なさとは無関係です。高粘度でも時間の経過とともに徐々に垂れてしまうものや、低粘度でも垂直面で垂れないものもあります。粘度の数字は、液体に加わる力の大きさで変化します。このような性質を「揺変性（チキソトロピック性）」と言います。液体に力が加わっているときは低粘度、力を抜くと高粘度となり、その粘度の比率が高いほど高チキソ性で、塗布後には垂れにくいということになります。垂れ性や流動性が問題となる場合は、チキソトロピック指数をメーカーに確認してください。

2.3.2 接着強度の評価法

(1) JISなどの規格試験

接着の強度試験でよく使われている方法を**図2.3.1**に示しました。

(A)はJIS K 6850の板/板の引張りせん断試験（単純重ね合わせ試験）で用いられる試験片です。幅25 mm、長さ100 mmの2枚の板を、12.5 mmの長さ重ねて接着するものです。標準板厚は金属板では1.6 mm、プラスチックや複合材料では3.0 mmとなっていますが、高強度接着剤では被着材自体の引張り強度を超えることがよくあるので、その場合は板の厚さを厚くする必要があります。

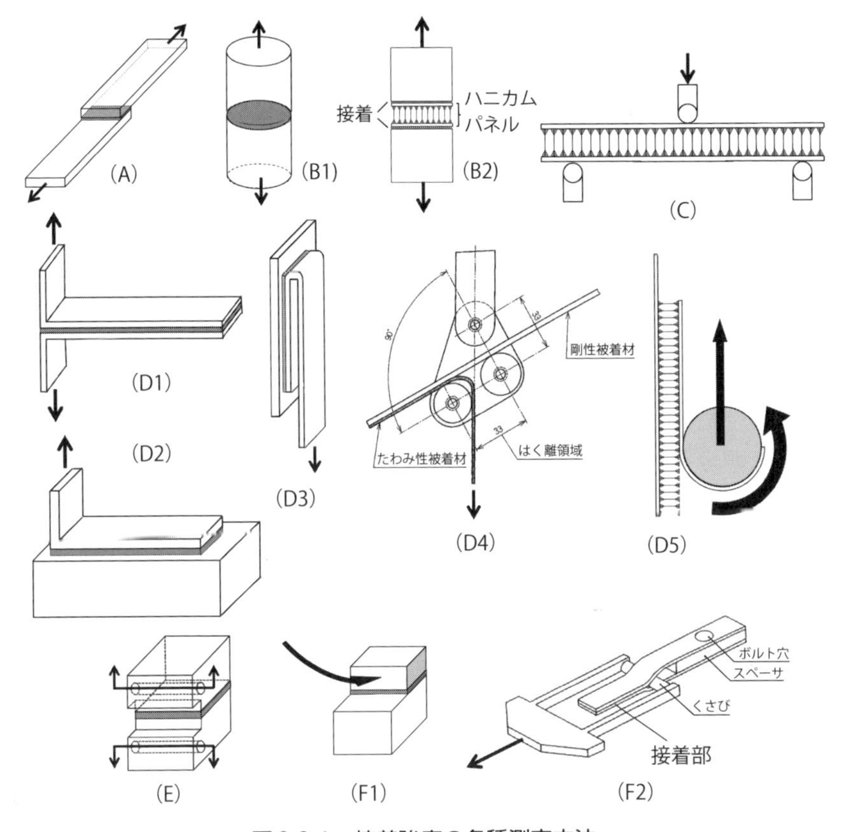

図2.3.1　接着強度の各種測定方法

(B1)はJIS K 6849の引張り試験で用いられる試験片です。角材試験片も使用されます。円柱では直径12.5 mm、正四角柱では一辺が12.5 mmとなっています。(B2)はASTM C297のハニカムパネルの引張り試験で、フラットワイズ引張り試験と呼ばれているものです。

(C)はASTM D393のハニカムパネルの曲げ試験です。

(D1)はJIS K 6854-3のT形はく離試験の試験片で、鋼板の場合は板厚0.5 mm、アルミ板の場合は板厚0.5 mmまたは0.7 mmが標準となっています。(D2)はJIS K 6854-1の90°はく離試験の試験片で、標準板厚は金属もプラスチックも1.5 mmとなっています。(D3)はJIS K 6854-2の180°はく離試験の試験片で、標準板厚は金属1.5 mm、プラスチック1.5 mmとなっています。(D4)

はJIS K 6854-4の浮動ローラはく離試験で、薄板の厚さは金属板では0.5 mmとなっています。(D1)のT形はく離試験より安定したデータが得られます。これらの試験片の板幅は25 mmです。被着材料の曲がりやすさや加わる力の方向によって使い分けられています。(D5)はASTM D1781のハニカムパネルのはく離試験で、クライミングドラムはく離試験と呼ばれているものです。

(E)はJIS K 6853の割裂試験で、剛体のはく離試験のようなものです。

(F1)はJIS K 6855の衝撃試験で、せん断衝撃を測定するものです。(F2)はJIS K 6856のくさび衝撃試験です。接着部に高速でくさびを打ち込んだときの破壊エネルギーを測定するもので、最近はこの試験が重要視されています。

接着剤のカタログに掲載されている接着強度のほとんどは、(A)の引張りせん断試験で測定されたもので、はく離強度は(D1)、(D2)、(D3)のいずれかで測定されたものです。

JISやASTMなどの規格では標準板厚などが規定されていますが、被着材料の材質や表面状態、板厚などが変わると、接着強度や破壊状態は大きく変化するので、接着剤のユーザーが試験を行う場合には実際の製品で使用するものと同じ材質、板厚、表面状態の被着材を用いることが重要です。試験法も実際に加わる力の状態を考慮して適切な選択をする必要があります。

最も多用されている試験法は(A)の引張せん断試験法ですが、試験片の出来具合いによって接着強度やばらつきの大きさは変化します。特に接着剤のはみ出し部の形や量は大きく影響します。

筆者がばらつきを低減するために考案し、長年使用してきた接着試験片の作り方を**付録1**に掲載したので、参考にしてください。

(2) 微小部品の接着性評価法

上記のような試験法は、構造強度が要求される部品の評価には適用できますが、電子部品や精密・微小部品の接着性の評価には適していません。これらの評価には、MIL STD-883G、IEC 60749-19、EIAJ ED-4703などの規格に準拠した**図2.3.2**[3] に示すようなボンディングテスタによるダイシェア試験が用いられています。

また、**図2.3.3**に示すように、基材に部品を接着した状態で基材に引張りや曲げやねじりを加えて測定する方法もあります。この方法では部品自体に直接

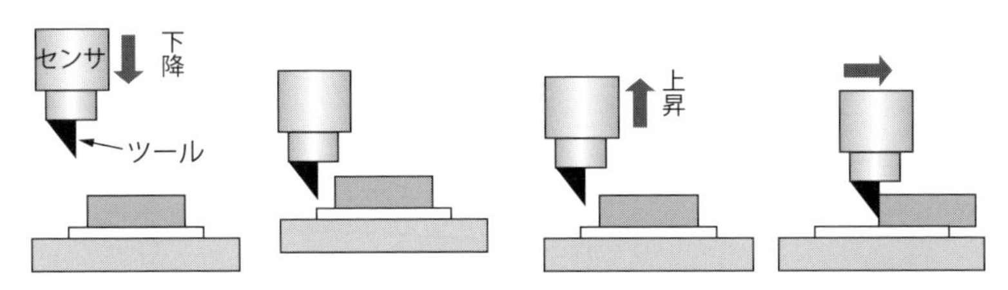

荷重センサに取り付けられたツールが基板面まで下降し、装置が基板面を検出し下降を停止する。検出した基板面より設定された高さまでツールが上昇し、ツールで接合部を押し破壊時の荷重を計測する

図2.3.2　ボンディングテスタによるダイシェア試験[3)]

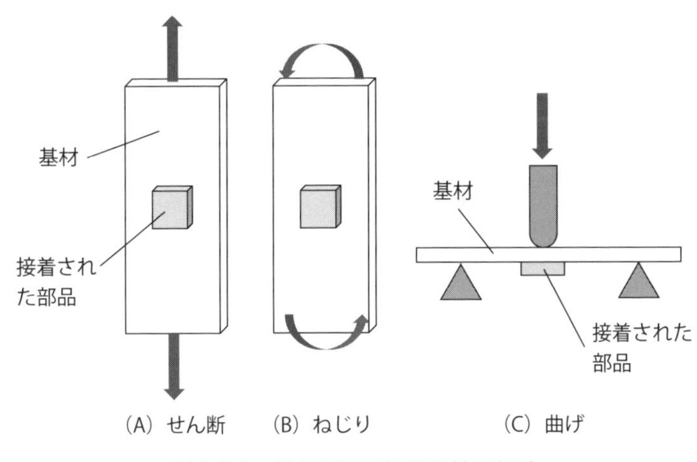

図2.3.3　微小部品の接着特性評価法

力を加えないので、割れやすい材料でも評価を行うことができます。

2.3.3 引張りせん断試験における応力集中

(1) 重ね合わせ長さの影響

板と板の単純重ね合せ引張りせん断試験では、接着剤が硬い場合には、**図2.3.4**に示すように接着部の破断荷重は重ね合わせ長さLに比例せず頭打ちになります。すなわち、単位面積当たりのせん断強度は重ね合わせ長さLが長いほど低くなります。その理由は、**図2.3.5**に示すように、試験片に引張り荷重

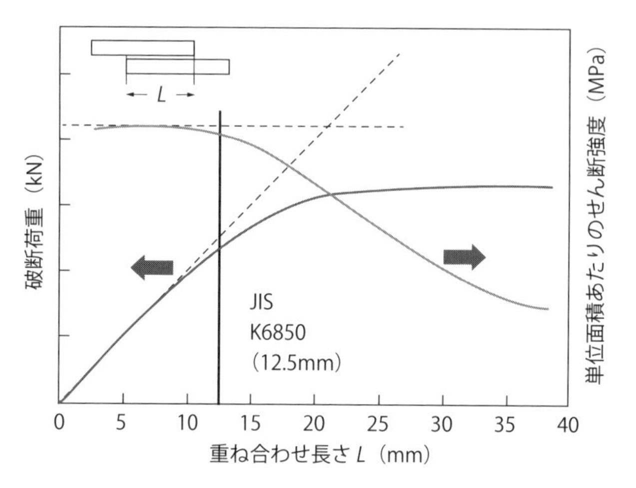

図2.3.4　せん断試験における重ね合わせ長さの影響（硬い接着剤の場合）

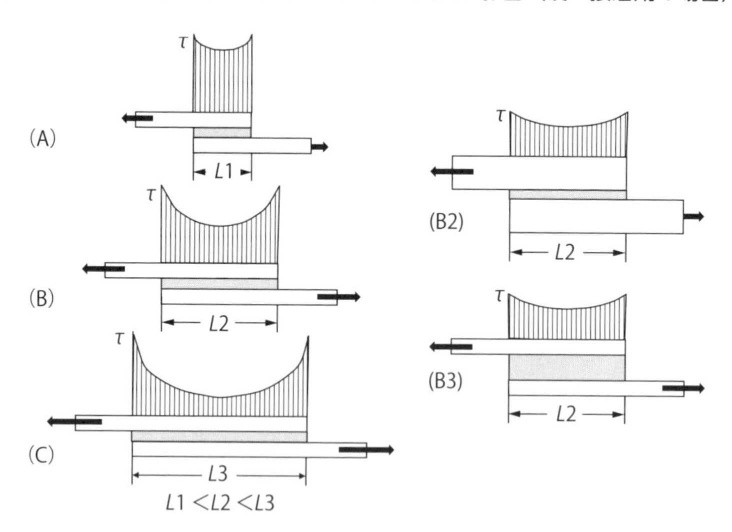

図2.3.5　せん断試験片における重ね合わせ長さLと接着部に働くせん断応力τの分布

を加えると、接着部に加わるせん断応力τは接着部全体に均一に分布するのではなく、応力集中が生じて重ね合わせの端部で高く、中央部で低くなるためです。図2.3.5で(A)→(B)→(C)と重ね合わせ長さが長くなるほど応力集中は大きくなり、接着部の中央部付近はあまり荷重分担をしていない状態になるということです。なお、重ね合わせ部の幅方向には応力集中は生じません。

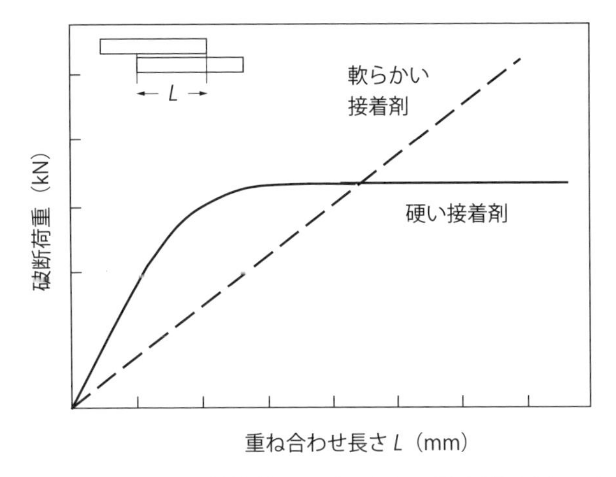

図2.3.6　軟らかい接着剤では重ね合わせ長さが長くなると破断荷重は硬い接着剤より高くなる

(2) 板厚、板の弾性率、接着層の厚さ、接着剤の弾性率の影響

板の材質が同じであれば、重ね合わせ長さが同じでも、図2.3.5の(B)と(B2)のように板の厚さが厚くなると応力集中は低減します。板の厚さが同じ場合には、板の弾性率が高いほど応力集中は低減します。

接着層の厚さも応力集中に影響します。図2.3.5の(B)と(B3)のように接着層が厚くなると、応力集中は小さくなります。

接着剤の弾性率も影響します。接着剤の弾性率が高くて硬いほど、応力集中は大きくなります。しかし、接着剤を若干軟らかくして強靱化すると応力集中はほとんどしなくなるため、**図2.3.6**に示すように重ね合わせ長さが長い場合には、軟らかい接着剤の方が硬い接着剤より破断荷重は高くなります。

なお、接着剤の弾性率は、一般に低温では高くなるので応力集中が生じやすくなります。低温でも軟らかめの接着剤を用いるとよいでしょう。

(3) 接着部の曲がりの影響

単純重ね合わせ試験片を引っ張ると、**図2.3.7**に示すように接着部に曲がりが生じます。これは、重ね合わせ部で引張りの軸がずれているためです。接着部に曲がりが生じると、接着部にはせん断力の他に端部に引張り方向の力が加わります。すなわち、はく離力が加わるため、硬い接着剤では低強度で破壊す

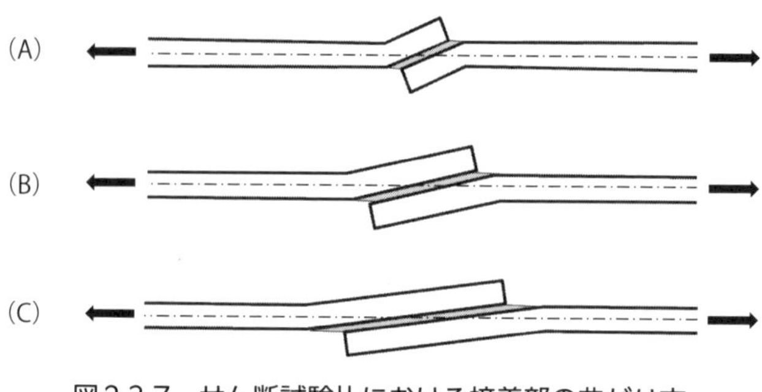

図 2.3.7　せん断試験片における接着部の曲がり方

ることになります。

引張りせん断試験片では上記のように応力集中が生じますが、円柱や四角柱を突き合わせ接着した引張り試験片では、応力集中はさほど考慮する必要はありません。ただ、引張りの軸が中心からわずかでもずれると、大きな応力集中を起こすので、チャックの上下にユニバーサルジョイントを入れるなどの注意が必要です。

2.3.4 ガラス転移温度（*Tg*）

(1) 接着剤のガラス転移温度（*Tg*）

大半の接着剤は樹脂系のものです。**図2.3.8**は温度と樹脂の弾性率の関係を示したものです。(A)は熱可塑性樹脂、(B)は熱硬化性樹脂、(C)は加硫ゴムです。樹脂やゴムには弾性率が大きく変化する温度があります。この温度はガラス転移温度*Tg*と呼ばれており、*Tg*以下では弾性率は高く「ガラス状態」と呼ばれ、*Tg*以上では低くなり「ゴム状態」と呼ばれています。ゴムは*Tg*が低温にあるので、常温ではゴム状態を示しています。複数の*Tg*を持つものもあります。*Tg*付近でのガラス状態からゴム状態に変化する弾性率の傾きは、接着剤の架橋密度が高いほど傾きがきつくなります。*Tg*を境に弾性率だけでなく線膨張係数や熱伝導率などすべての物性が変化します。

(2) 接着強度の温度特性

せん断強度や引張り強度は弾性率が高いほど強いので、低温では強く、高温では低下します。**図2.3.9**に示すように*Tg*を境にして、せん断強度や引張り強

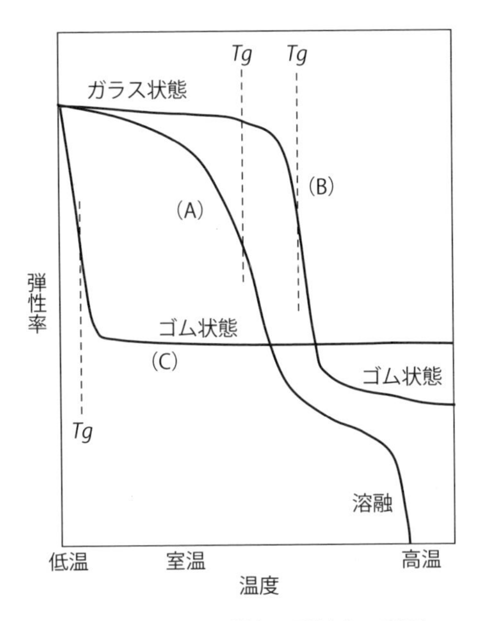

図2.3.8　温度と樹脂の弾性率の関係

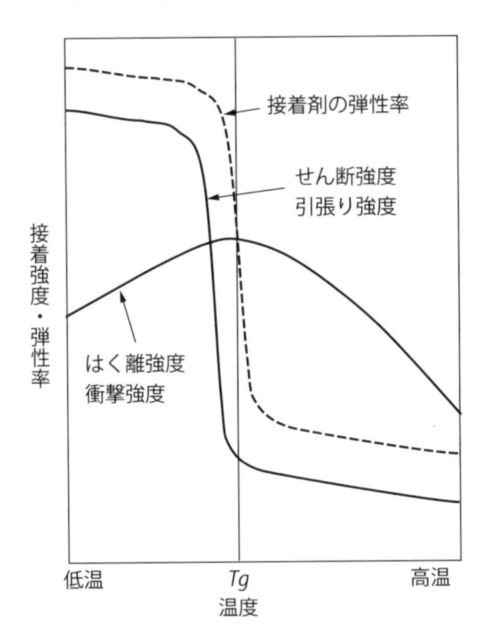

図2.3.9　接着剤のガラス転移温度と接着強度の関係

度は大きく変化します。実際にはTgより少し低めの温度から強度が低下します。

はく離強度や衝撃強度は軟らかい（強靱な）方が強くなるので、低温では低く、高温では強くなるということになります。しかし、温度が高すぎて軟らかすぎると強靱さがなくなるため、強度は下がってしまいます。はく離強度や衝撃強度はTg付近で最も高くなります。接着剤のTgがわかれば、接着強度の温度特性を大まかに予測できるということです。

(3) Tgの数値は目安と考える

Tgの測定法やデータの取り方にはさまざまな方法があり、同じ測定法でも昇温速度や周波数など条件が異なればTgは数十℃程度変化するので、カタログのデータを見るときには測定方法やデータの取り方をチェックする必要があります。

2.3.5 粘弾性と速度依存性、クリープ特性、応力緩和

(1) 粘弾性体

物体を大きく分けると、金属やゴムのような弾性体、高粘度液体のような粘性体、それに粘弾性体に分かれます。粘弾性体は、弾性的性質と粘性的性質を併せ持つものです。

これらの機械的特性のモデルを示すときは、**図2.3.10**に示すように弾性体はばね、粘性体はダッシュポットで示します。

まず、(A)は弾性体です。弾性体は、加えた力Pに比例して変形します。力を除去すれば元の寸法に戻ります。また、加える力の速度や温度には影響されません。

(B)は粘性体です。粘性体にPの力を加えると変形を起こしますが、一定の変位で止まらず、力が加わり続けている間はずるずると変形し続けます。また、ゆっくりと力を加えたり、長時間力が加わっていたりするとずるずると変形を起こしますが、大きな力でも瞬間的に加えた場合はほとんど変形しません。扉が急激に閉まらないように取り付けてあるダンパーのようなもので、加える力の速度が大きく影響します。また、温度が高いほど変形の速度が速くなります。

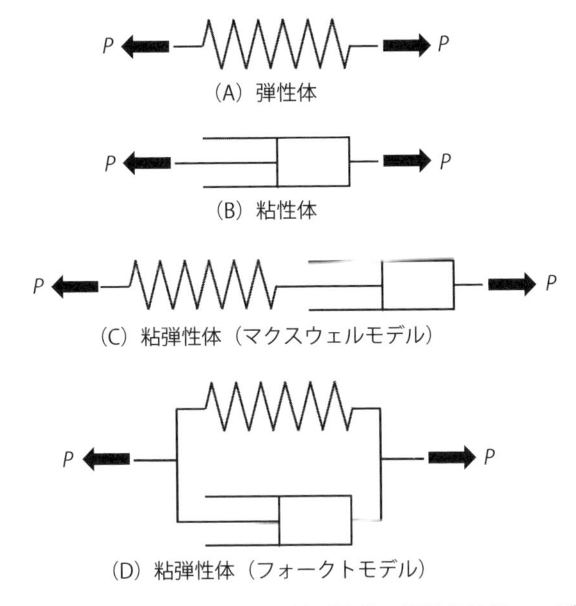

図2.3.10　弾性体、粘性体、粘弾性体の機械的特性のモデル

(C)、(D)は粘弾性体で、接着剤はこれに当たります。分子モデルは直列(C)や並列(D)など種々のモデルがあります。粘弾性体は弾性的性質と粘性的性質の両方の性質を有しているため、低速で力が加わると弾性体と粘性体の両方の性質が現れますが、高速で力が加わると粘性部分の応答が悪いため弾性体的な性質に近くなります。

(2) 速度依存性

図2.3.11は、両面テープの引張りせん断強度の速度依存性を示したものです。カタログに掲載されている引張りせん断強度は毎分300 mmの速度で引っ張ったときの強度で、1.3 MPaです。これを毎分100 mmで引っ張ると約1.0 MPa、毎分10 mmで引っ張ると約0.5 MPaと低下します。接着剤のカタログに掲載されているせん断試験の引張り速度は、一般に毎分10 mmが多いですが、粘着テープのカタログでは毎分100 mm以上が多いです。

このように、粘弾性体を高速で引っ張ると強度は高く現れ、低速で引っ張ると強度は低く現れます。粘性的性質が大きい粘着剤では、特に速度依存性が大きくなります。

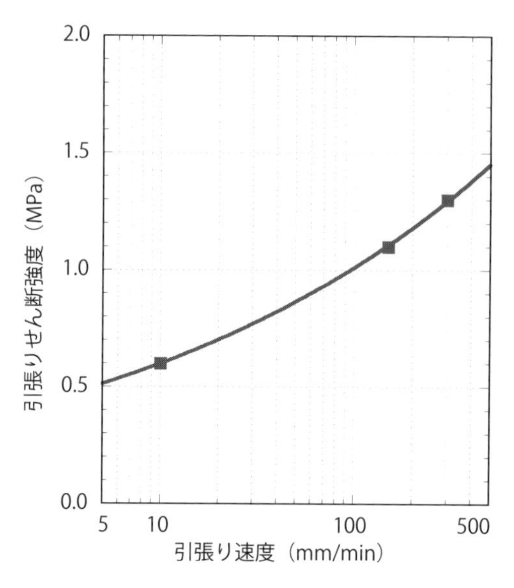

図2.3.11　引張り速度依存性の一例（両面テープ）

部品組立で使われる粘着テープや両面テープの目的を考えれば、高速で力が加わる状況より、部品の保持など速度が加わらない使われ方が圧倒的に多いです。ということは、極低速での強度が破断強度となり、カタログ値より非常に低くなるので注意が必要です。

(3) クリープ

接着部に継続して力が加わっている場合には、接着剤が「クリープ」を起こして強度低下を起こすことがあります。「クリープ」とは、例えば輪ゴムを強く締めておくと、徐々に伸びて緩んでくるような「分子の滑り現象」のことです。

図2.3.12のように、時間とともに粘性部分が徐々に伸びてくる現象を「クリープ変形」と言います。クリープ変形の速度は温度が高いほど、荷重が大きいほど速くなります。粘性的性質が大きい軟らかい接着剤では、硬い接着剤に比べてクリープ変形が大きくなります。

時間とともにどこまでも伸び続けるかというと、そうはいかず、ある程度の伸び量に達すると破断します。これを「クリープ破壊」と言います。クリープは、(2)で述べた速度依存性の速度が限りなく0に近い場合の特性です。

クリープ変形やクリープ破壊は、動かない力で目立たないためにあまり評価

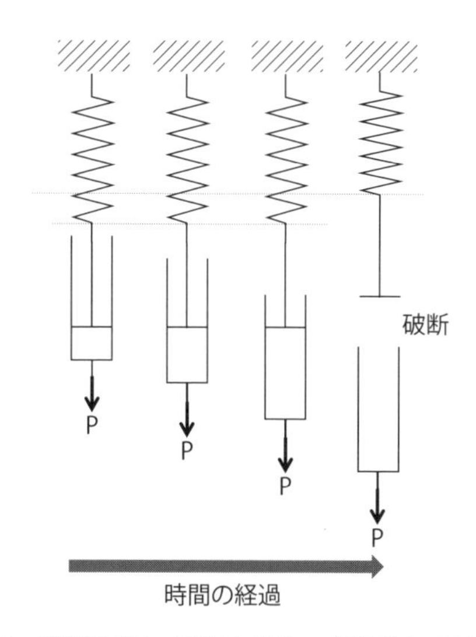

図2.3.12　粘弾性体におけるクリープ変形とクリープ破断

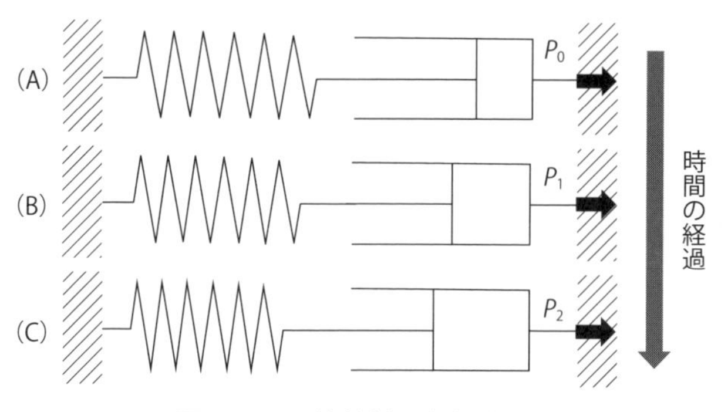

図2.3.13　接着剤の応力緩和

されないことが多いのですが、接着接合物の耐久性に大きな影響を及ぼす重要な因子です。クリープ劣化には十分に注意しましょう。なお、クリープだけでも劣化しますが、さらにクリープ力と水分が複合されると、劣化は大きく促進されます。

(4) 応力緩和

図2.3.13のように、接着剤がある変位量まで引っ張られて変位が固定している場合には、接着剤は引っ張られた状態になります。このとき、接着剤に加わ

る引張り力をP_0とします。接着剤は粘弾性体なのでクリープを起こします。時間とともに粘性部分はずるずると引っ張られて緩んでくるため、接着剤に加わる引張り力は$P_0 \rightarrow P_1 \rightarrow P_2$と小さくなっていきます。これが「応力緩和」です。応力緩和は、温度が高いほど、接着剤に加わっている応力が大きいほど速くなります。

2.3.6 接着剤の物性と接着強度の関係

(1) 接着剤の硬さ、伸びと接着強度の関係

一般の接着剤では、硬いものは伸びが小さく、軟らかいものは伸びが大きい性質を持っています。**図2.3.14**は、接着剤の硬さ（弾性率）、伸びと各種の接着強度の関係を示したものです。一般にせん断強度、引張り強度、耐クリープ性と、はく離強度、衝撃強度は接着剤の硬さや伸びに対して逆の関係になります。すなわち、接着剤が硬くて伸びが小さければ、せん断強度、引張り強度、耐クリープ性は高くなりますが、はく離強度、衝撃強度は低くなります。接着剤が軟らかくて伸びが大きい場合は逆になります。これは、はく離強度を高くするためには接着剤に伸びが必要で、衝撃強度を高くするためには衝撃エネルギーを吸収できる柔軟性が必要なためです。

図2.3.14で、同じ接着剤の場合には、横軸を温度に変えれば左ほど温度が高い状態、横軸を接着部に負荷される速度で表わせば、接着剤は粘弾性体であるため右ほど高速負荷での状態、横軸を接着層の厚さで表せば左ほど接着層の厚さが薄い状態ということになります。

(2) 接着剤は硬すぎず軟らかすぎず

各種の力に対して強い接着剤は、硬すぎず軟らかすぎず、すなわち、爪を立てれば少し傷がつく程度の強靱なものがよいことになります。構造用接着剤と呼ばれる高強度接着剤では、硬さと伸びが両立されていて強靱な性質になっています。強靱さを出すためには、硬いエポキシ樹脂やアクリル樹脂に軟らかいゴム成分などを添加するなどの変性がなされています。

図2.3.15[4] は、二液型変性アクリル系接着剤（SGA）の硬化物を透過型電子顕微鏡（TEM）で見た写真です。白く丸いものが硬いアクリル樹脂、黒い部

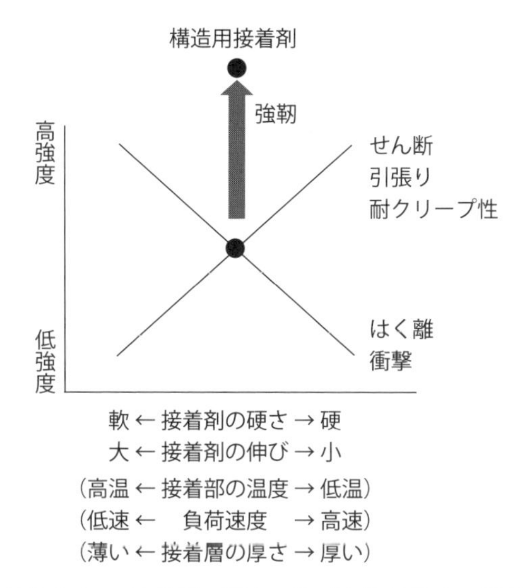

図2.3.14　接着剤の硬さ・伸びと接着強度の関係

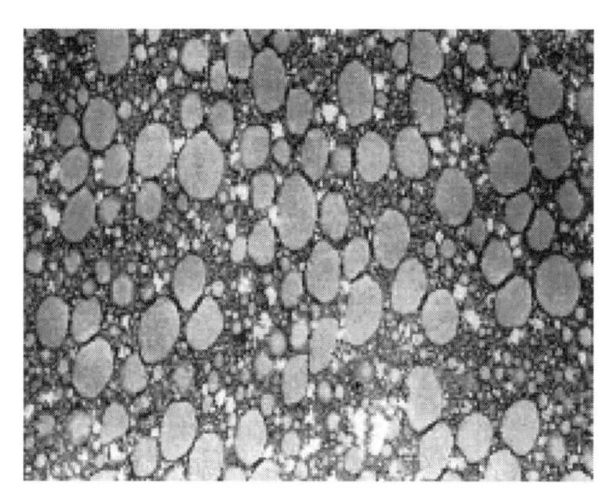

図2.3.15　アクリル系接着剤（SGA）の微視的構造[4)]

分が軟らかいゴムです。このような微視的構造は、「海島構造」や「ポリマーアロイ」などと呼ばれていて、非常に強靱になり1+1=3の性質が得られるのです。

(3) 接着剤選定時の注意点

「接着剤」のカタログは、せん断強度主体で書かれています。このため多く

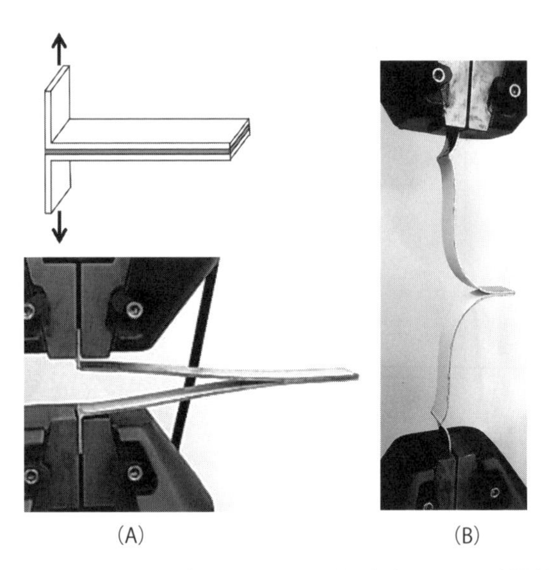

図2.3.16　接着剤の硬さの違いによるはく離試験における破壊状態の違い
（1.6mm厚さの軟鋼板同士のT形はく離試験）

のカタログから接着剤を選定するときには、どうしてもせん断強度で比較してしまいますが、せん断強度が高いものを選ぶと、はく離強度が低いものを選んでしまう危険性があります。

図2.3.16は、硬さが異なる接着剤のT形はく離試験の状態です。せん断強度が高く硬く脆い接着剤ではく離試験を行うと、(A)のように板がまったく曲がらないで一瞬に全面が剥がれますが、強靱さを付与したものでは(B)のように板が曲がってしまうほどはく離抵抗性が向上します。はく離強度も忘れずにチェックしましょう。

(4) 粘着テープ選定時の注意点

粘着剤は接着剤に比べるとはるかに軟らかいものですが、粘着剤にも硬いものと軟らかいものがあり、図2.3.14の関係は接着剤と同じです。粘着テープのカタログは、はく離強度主体で書かれているため、はく離強度の高いものを選ぶと耐クリープ性が低いものを選ぶ結果となってしまいます。粘着テープのカタログでは、耐クリープ性を保持力と表示されることが多いです。部品や機器の組立で必要なのは、むりやり引き剥がすはく離力ではなく、ほとんどの場合

表2.3.1　感触による弾性率や硬さの目安

感　触	ショア硬度	弾性率
爪が立たないほど硬い	D70以上	10^9 Pa台
爪を立てると爪痕が残る	D60前後	10^8 Pa台
ゴムのように軟らかい	ショアAで表示	10^7 Pa台

は保持力が重視されるためカタログを見る際は注意しましょう。

(5) 感触による弾性率や硬さの目安

カタログに弾性率が記載されているものもありますが、硬さのデータはほとんどの場合、ショア硬度で記載されています。これらの数値を見ただけで、どのくらいの硬さなのかがわかるとよいのですが、慣れていないとピンと来ません。

そこで、**表2.3.1**に大雑把に感触と数値の関係を示しました

2.3.7 接着層の厚さ

(1) 接着層の厚さと強度の関係

図2.3.17は、接着剤層の厚さと接着強度の関係を示したものです。接着層の厚さに対しても、せん断強度、引張り強度と、はく離強度、衝撃強度は逆の関係になります。せん断強度や引張り強度は、一般に接着層が10 μm程度で最大となり、厚くなるにつれて低下します。極端に薄くなると内部応力が高くなっ

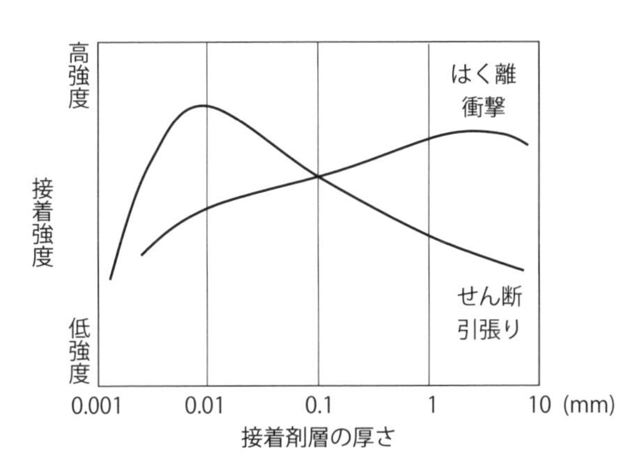

図2.3.17　接着層の厚さと接着強度の関係

たり、被着材同士の接触による有効接着面積が減少したりするなどで強度は低下してしまいます。一方、はく離強度や衝撃強度はmmオーダーのところで最も高い強度になります。

(2) 最適な接着層の厚さはどのくらいか

せん断強度とはく離強度のバランスがとれた接着層の厚さは、一般に0.1～1.5 mm程度のようです。接着層の厚さが薄すぎると、種々の力の方向に対して変形できる許容ひずみ量が小さくなるので、良いことはありません。接着は隙間埋めと接合を同時に行うことが多く、接着層の厚さが5 mmや10 mmになる場合もありますが、接着層が厚ければ変形に対する追従性は増えるのですから、厚くて問題になることはほとんどありません。

嫌気性接着剤や瞬間接着剤は、接着層の厚さが厚くなると硬化しなくなるため、どうしても極力薄い接着層で使わざるを得ません。これらの接着剤がはく離や衝撃に弱い理由の一つに、接着層の厚さが薄い点が挙げられます。

2.3.8 内部応力

接着における課題は種々ありますが、とりわけ接着部に生じる内部応力の影響は重要です。以下に、接着の内部応力について述べます。

(1) 内部応力によって生じる不具合

接着部に生じる内部応力による不具合は、大別すると接着特性の低下と部品や機器の特性の低下に分けられます。前者としては、接着強度の低下や接着部の破壊、めっきや塗装、コーティングなどの膜上で接着した場合にめっきやコーティング膜が素地から剥がれやすくなる、接着耐久性が低下する、などがあります。後者としては、意匠部品における意匠性の低下、精密部品の微小変形や微小位置ずれ、脆性部品の割れの発生、磁性部品の特性低下などがあります。

(2) 接着部に生じる内部応力の種類

(2-1) 接着の内部応力の分類

接着部に生じる内部応力の分類を**図2.3.18**に示しました。

以下に、各内部応力について述べていきます。

(2-2) 接着剤の硬化過程で生じる内部応力

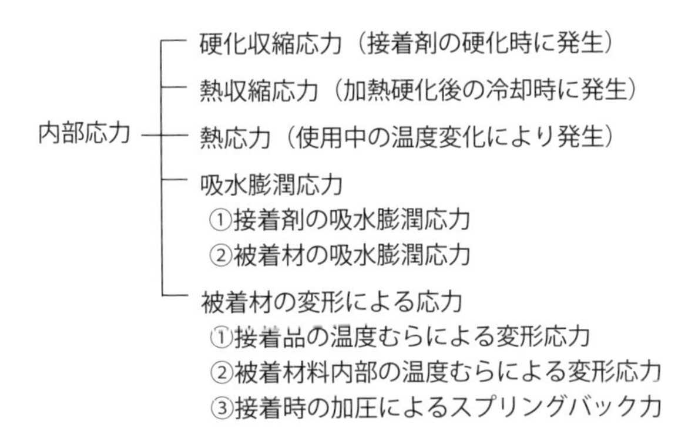

図2.3.18　接着部に生じる内部応力の分類

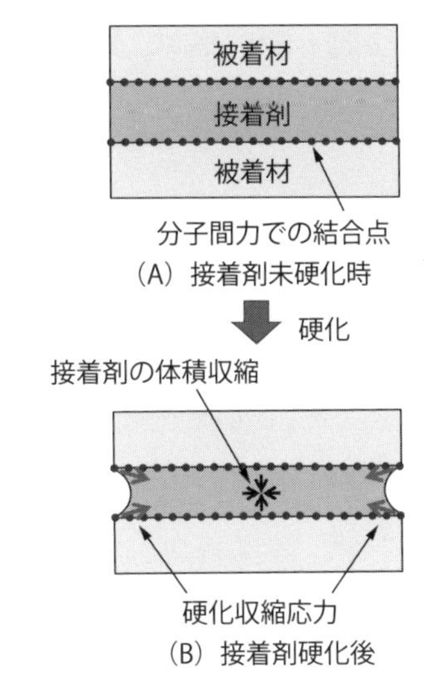

図2.3.19　接着剤の硬化収縮応力

①硬化収縮応力

ほとんどの接着剤は硬化時に体積収縮を起こします。また、接着剤と被着材（部品）の表面とは、**図2.3.19**(A)のように接着剤が液状のとき、分子間力によって結合しています。このため、接着剤が硬化する時界面付近の接着剤は動けず、界面以外の接着剤は収縮するため(B)のような形状となり、接着部の界面付近に力が作用します。この接着剤の硬化収縮によって発生する応力が「硬化

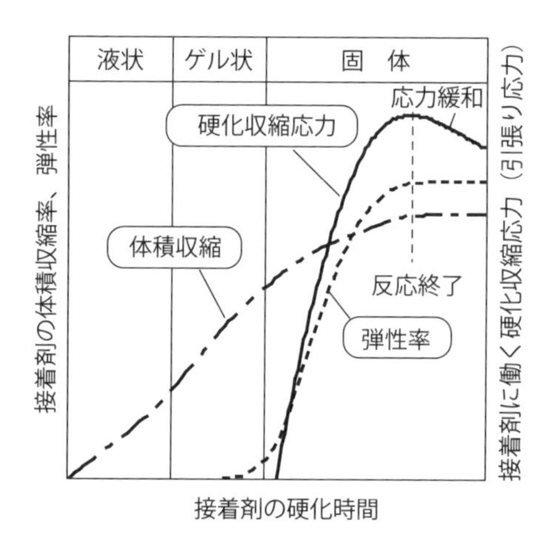

図2.3.20　接着剤の硬化時間と体積収縮率、弾性率、硬化収縮応力の変化

収縮応力」です。部品が薄いフィルムや箔の場合は、硬化収縮によって部品にしわが生じる場合もあります。

図2.3.20は、接着剤の体積収縮率、弾性率、硬化収縮応力の硬化時間による経時変化を示したものです。体積収縮は硬化の開始とともに始まりますが、硬化収縮応力はゲル状を過ぎて弾性率がある程度高くなった時点から発生します。室温硬化型接着剤では室温下で、加熱硬化型接着剤では硬化温度下で硬化収縮応力が発生します。体積収縮率が大きく、硬化後の弾性率が高い接着剤ほど硬化収縮応力は高くなります。

図2.3.21[5]は、平面ミラーを接着層厚さを一定にするためのリング状のスペーサー（図示なし）をはさんで台座と接着したときの接着剤の硬化収縮によるミラーの変形状態の一例です。

②熱収縮応力

加熱硬化型接着剤では、硬化後室温まで冷却されます。被着材と接着剤の線膨張係数は異なるため、冷却による収縮長さは異なっています。接着剤の線膨張係数が被着材の線膨張係数より大きい場合が多いですが、その場合は、図2.3.19(B)の接着剤の収縮がさらに大きくなり、接着界面には大きな力が生じます。この加熱硬化後の冷却過程で生じる応力が「熱収縮応力」です。

熱収縮応力は硬化収縮応力に比べて大きい場合が多く、ガラスやセラミック

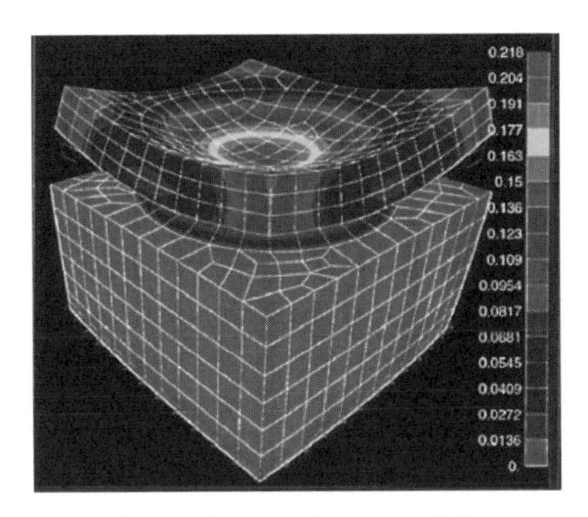

図2.3.21　接着剤の硬化収縮応力による光学ミラーの変形例[5)]

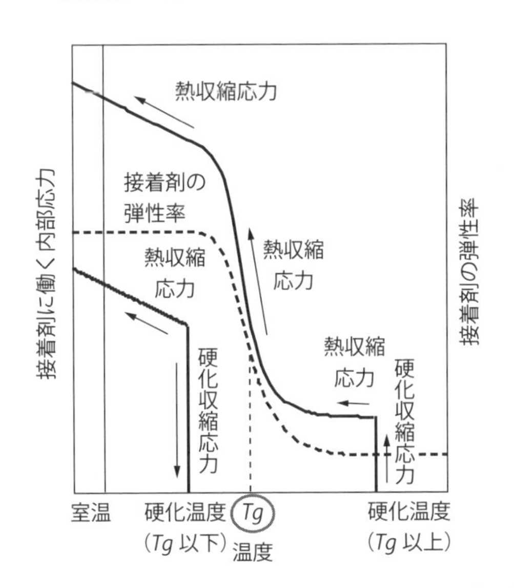

図2.3.22　加熱硬化後の熱収縮応力の発生と接着剤硬化物の
ガラス転移温度 *Tg* と弾性率の影響

スなどの割れやすい材料を硬い接着剤で接着した場合には、冷却後にすでに部品に割れや欠けが生じていることも多々あります。

硬化後の接着剤の弾性率は、**図2.3.22**に示すようにガラス転移温度 *Tg* 以下では高く、*Tg* 以上の温度では低くなります。このため、硬化後の接着剤の *Tg* 以上の温度で硬化させた場合は、*Tg* 付近で大きな熱収縮応力が発生します。

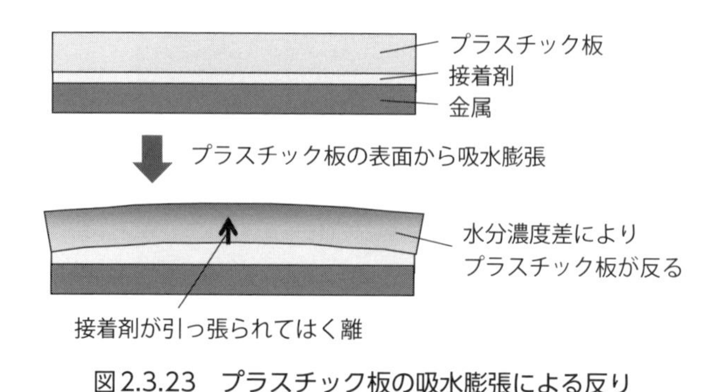

図2.3.23　プラスチック板の吸水膨張による反り

*Tg*以下の温度で硬化した場合は、硬化後の接着剤の弾性率が高いため硬化収縮応力は大きくなりますが、室温まで冷却後の内部応力は*Tg*以上で硬化した場合より小さくなります。室温に戻ったときの内部応力を低減するためには、*Tg*以下の温度で硬化させる、*Tg*以下の弾性率ができるだけ低い接着剤を用いるのがよいです。

(2-3) 使用中の環境変化で生じる内部応力

①温度変化

接着された部品には、室温状態で硬化収縮応力と熱収縮応力が加わっています。部品は使用中に高温や低温にさらされますが、低温になると熱収縮応力がさらに増加します。一方、使用時に高温になると、接着剤の線膨張係数が被着材より大きい場合は、接着剤が最も大きく膨張するため室温で接着部に生じていた内部応力は低減されます。

このように、接着部に生じる応力は一般に高温より低温で大きくなるので、低温時における接着部の破壊や部品の特性変化には注意が必要です。

②接着剤や部品の吸水

高温高湿度中や水がかかる環境で使用される場合は、接着剤が吸水を起こします。接着剤が吸水すると、吸水膨潤（体積の増加）と弾性率や*Tg*の低下が起こります。接着剤が吸水膨潤すると、部品の位置ずれや膨潤応力による接着部の破壊などが生じることがあります。

被着材がプラスチックのように吸水する材料の場合は、**図2.3.23**のように被着材の表面から吸水し、被着材の厚さ方向に水分の濃度差が生じて反りが生じ

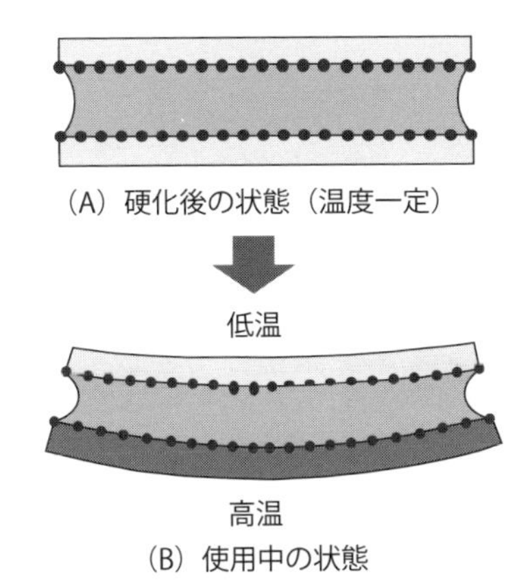

図2.3.24　接着された部品の温度分布の影響

ます。被着材の反りによって接着部に力が加わって、はく離が生じることとなります。

(2-4) 被着材の変形による応力

①接着品の温度むら

図2.3.24(A)のように2つの被着材が同じものであれば、接着された部品全体に温度変化が生じても反りは生じません。しかし、接着された部品の両面に温度差が生じると(B)のように反りが生じ、接着部が破壊することがあります。

②部品内部の温度むら

はんだディップのように短時間で急激な温度変化が加わる場合には、**図2.3.25**のように部品の内部に温度勾配が生じ、部品が変形することがあります。急激な加熱や冷却で部品が変形すると接着部には力が加わり、はく離が生じることがあります。

高温と低温を繰り返す冷熱サイクル試験には、ゆっくり昇温降温するヒートサイクル試験と急激に温度を変化させるヒートショック試験があり、後者の方が厳しいです。その原因としては、急激な温度変化の場合は部品内部に温度勾配が生じ、部品が変形するためと思われます。

③加圧による部品のスプリングバック力

部品の貼り合わせや硬化までの固定のために、部品を加圧することがあります。**図2.3.26**のように、部品に反りがある場合や変形しやすい部品の場合は、

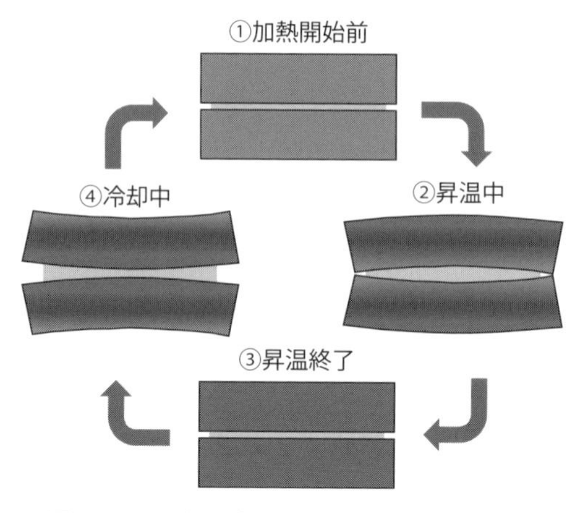

図2.3.25　部品内部の温度むらによる変形

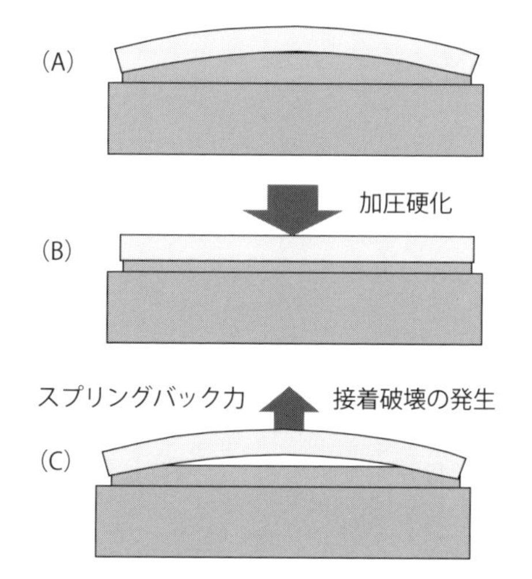

図2.3.26　部品のスプリングバックによるはく離

加圧によって部品を変形させた状態で硬化させることになりますが、加圧を解除すると部品は元の形状に戻ろうとして、接着部には部品のスプリングバック力がクリープ力として継続的に働くこととなります。両面テープやゴム状の軟らかい接着剤では室温でもクリープ破壊したり、硬い接着剤でも接着剤の Tg 以

表2.3.2　底面を接着したプリズムミラーの反射面（楕円部分）のひずみ（波面収差量）と接着剤の弾性率、硬化収縮率

接着剤	接着剤の種類	波面収差量（nm）	弾性率（MPa）	硬化収縮率（%）
E1	エポキシ系	5	低（ 350）	小（ 2～3）
U1	UV硬化系	8	低	小
U2	UV硬化系	9	中（1050）	小
S1	シリコーン系	10	低（ 750）	大（14）
U3	UV硬化系	11	中	中
A1	アクリル系	15	低	大
S2	シリコーン系	17	低	大
E2	エポキシ系	20	高（4000）	小（ 3）
U4	UV硬化系	24	高	中
C	瞬間接着剤	34	高	大（10～16）
A2	アクリル系	35	中	大

上に加熱されると接着剤が軟らかくなり、はく離が生じることがあります。貼り合わせ前に部品を矯正したり、加圧力を上げすぎないなどの注意が必要です。

(3) 内部応力に影響する諸因子

(3-1) 接着剤の物性

表2.3.2は、11種類の接着剤で底面を接着したプリズムミラーの反射面（楕円部分）のひずみ（波面収差量）と各接着剤の弾性率、硬化収縮率を示したものです。この結果より、硬化収縮率が小さく、硬化後の弾性率が低い接着剤ほど接着部に生じる内部応力が小さく、反射面のひずみが小さいことがわかります。

(3-2) 部品の剛性

図2.3.27[6]には、反射面の楕円部分（棒グラフ）、上半分（●印）、下半分（○印）の波面収差量を示しましたが、上半分より下半分で大きなひずみが生じていることがわかります。これは、接着面から反射面までの部品の厚さが薄く、部品の剛性が低い場合には接着部の内部応力により部品が変形しやすくなるためです。

(3-3) 接着部の構造

図2.3.28[6]では、プリズムミラーの位置合わせを容易にするためにプリズム後部に当たり面を設けています。当たり面にも接着剤が回り込んでいます。グ

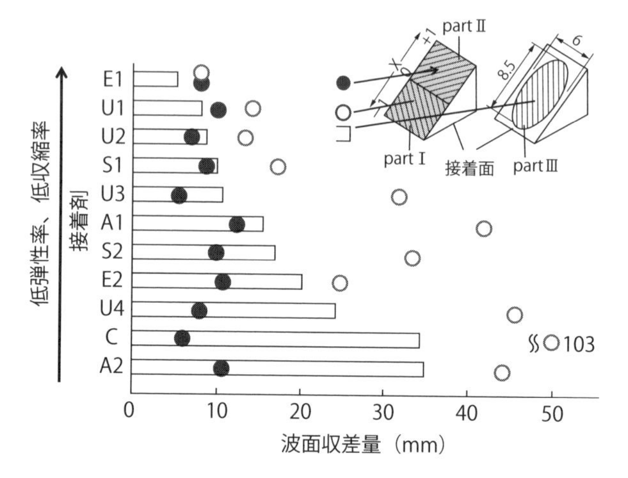

図2.3.27　接着剤の物性と部品の剛性の影響[6)]

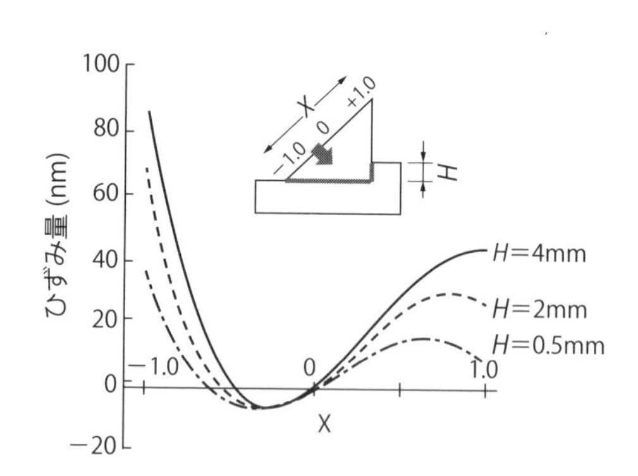

図2.3.28　反射面の変形に及ぼす部品の位置決めのための凸部の高さHの影響[6)]

ラフは、この当たり面の高さHを変化させた場合の反射面の変形状態を示したものです。この結果より、当たり面の高さHが高くなると反射面が大きくひずむことがわかります。このように、ちょっとした構造の変化でも、接着部の内部応力の影響は変化するので注意が必要です。

部品の接着面に段差があったり、**図2.3.29**(B)のように接着層の厚さコントロールのために接着部に溝や堤防を設けると、接着剤は厚さ方向に拘束されるため(A)のように拘束がない場合に比べて接着剤の硬化収縮や熱収縮により、接

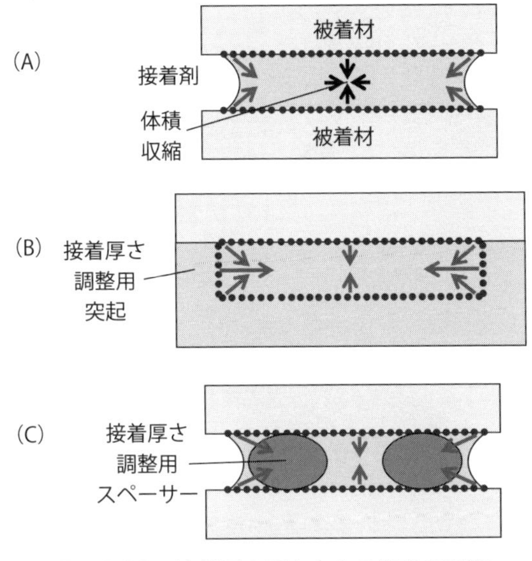

図2.3.29　接着層の厚さ方向の拘束の影響

着層の厚さ方向の引張り力は大きくなります。また、接着部に角がある場合は、角部に応力が集中して角部からはく離が生じやすくなります。接着層の厚さ調整は、(C)のように樹脂スペーサーを用いるのがよいでしょう。

穴に軸を差し込んで接着する嵌合接着の場合も、接着層は厚さ方向に拘束されています。同種材であれば温度が変化しても接着層の厚さ（クリアランス）はほとんど変化しませんが、穴部品と軸部品の線膨張係数が異なる場合は大きな問題が生じます。

図2.3.30は、軸部品Aの線膨張係数が穴部品Bより大きい場合で、加熱硬化型接着剤を用いる場合です。室温で接着剤を塗布して差し込んで硬化温度まで加熱すると、軸Aが穴Bより大きく膨張するためクリアランスは小さくなり、その状態で接着剤が硬化します。硬化後、室温まで冷却すると、軸Aは穴Bより大きく収縮するためクリアランスは大きくなります。軸Aと穴Bは接着しているため、接着剤には引張り応力が加わります。界面での接着力が引張り力より低ければ、界面ではく離してしまいます。接着剤の破壊伸び率がクリアランスの広がり量以下だと、接着剤の内部で破壊が生じてしまいます。使用時に低温になると、さらに厳しくなります。このような破壊を防ぐためには、クリアラン

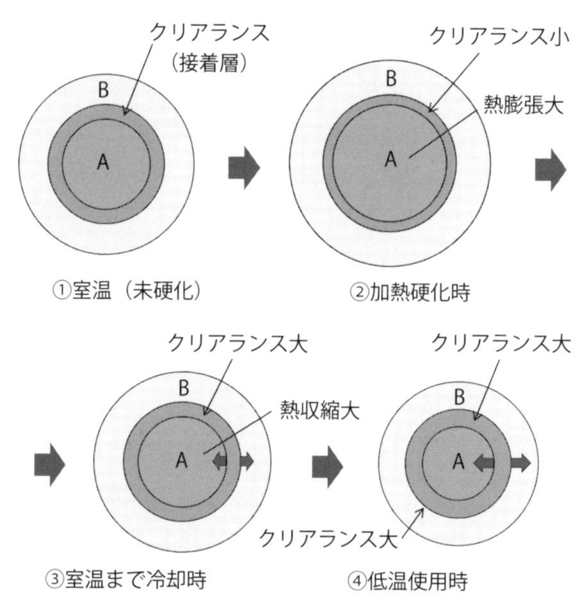

図2.3.30　加熱硬化型接着剤による嵌合接着におけるクリアランスの変化と接着部に加わる力

スを大きく設計する、硬化後の弾性率が低く破断伸び率が大きい接着剤を用いる、室温硬化型接着剤を用いる、などがよいでしょう。穴と軸の線膨張係数が逆の場合は、室温硬化型接着剤より加熱硬化型接着剤の方が有利になります。

(3-4) 接着工程

①硬化条件

図2.3.31[6] は、プリズムミラーの底面を紫外線硬化型接着剤で金属の台座に接着した場合の、紫外線照射強度と反射面のひずみ量の関係を示したものです。紫外線硬化型接着剤は強い光を照射すれば短時間で硬化しますが、強い光で短時間に硬化させるとひずみが大きくなることがわかっています。接着剤は弾性体ではなく粘弾性体であるため、硬化が進行して接着剤が収縮し硬化収縮応力が生じると、応力緩和も同時に生じてきます。応力緩和には時間を要するため、短時間に硬化させると硬化途中での応力緩和ができず、硬化後に大きな硬化収縮応力が蓄積してしまい、ひずみが大きくなることです。

エポキシ系などの加熱硬化型接着剤でも、急速に温度を上げて短時間で硬化

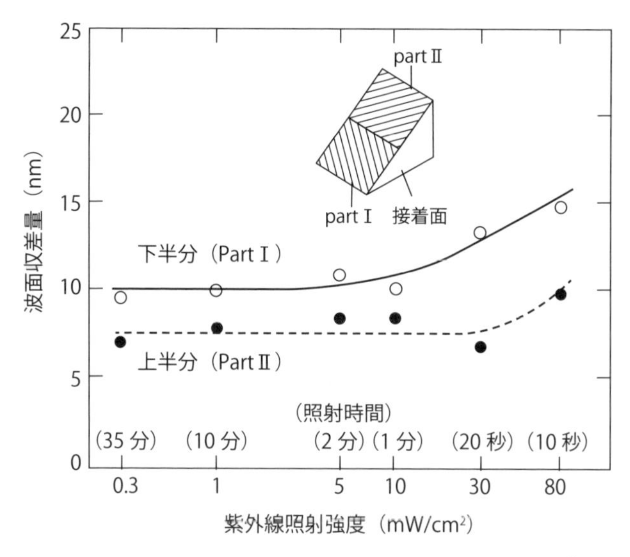

図2.3.31　紫外線照射強度と反射面のひずみの関係[6)]

させると、硬化途中での応力緩和ができずに内部応力は高くなります。ステップ硬化で徐々に昇温するとよいでしょう。加熱硬化後の冷却過程においても、急冷すると応力緩和の時間がとれませんが、徐冷することで応力緩和を起こさせて内部応力を低減することができます。割れやすい部品の接着では重要です。

②隅肉接着における塗布量、塗布位置

精密な位置合わせが必要な部品の接着では、位置合わせした状態で部品の周囲に接着剤を隅肉状に塗布して硬化させる隅肉接着が多用されています。**図2.3.32**(A)は平面同士の位置合わせ、(B)は段付きの軸にドーナツ状の円盤を同軸で接着する場合の例です。このような隅肉接着においては、接着剤の塗布位置の対称性と塗布量の均一性が重要です。対称性や均一性が崩れると、接着剤が多い方に部品が引っ張られることとなります。

(3-5) その他の因子

①未硬化分の後硬化

室温硬化型接着剤は、室温で100%の反応率を得ることは困難で未反応分が残ります。使用中に接着部の温度が上昇すると、未反応分が再硬化します。これを「後硬化」と呼びます。**図2.3.33**[7)] は、二液室温硬化型エポキシ系接着剤

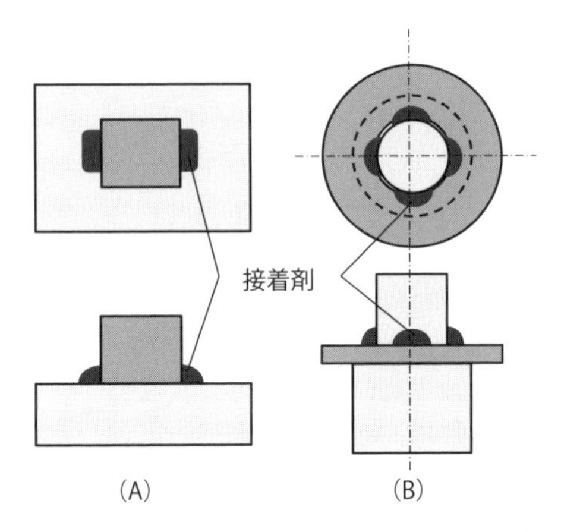

図2.3.32　接着剤の塗布位置，塗布量の不均一による部品の位置ずれ

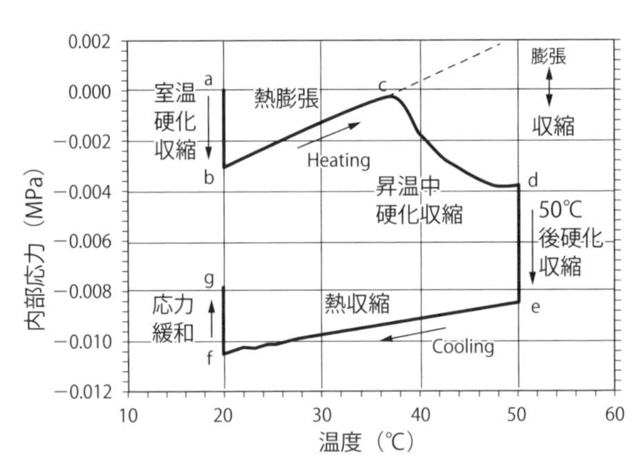

図2.3.33　接着剤の後硬化による硬化収縮応力の発生[7)]

の内部応力の測定例を示したものです。グラフの縦軸は下ほど内部応力が高く表示されています。まず室温で硬化させると、硬化収縮応力が発生します(a→b)。次に50℃まで昇温すると、昇温途中から未反応分が後硬化を始め、再度硬化収縮応力が発生します（c→d)。50℃で硬化後（d→e)、室温まで戻したときの内部応力(f)は、室温だけで硬化させた場合(b)より大きくなっています。

このように、接着剤中に未反応分が残っていると使用中の熱で硬化が進んで

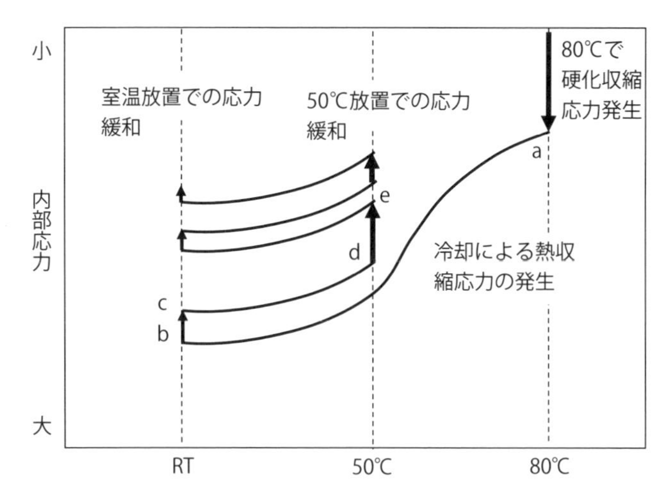

図2.3.34　ヒートサイクルによる内部応力の低減

内部応力が増加するので、出荷前に十分に硬化させておく必要があります。

②使用中の応力緩和

図2.3.34は、80℃で完全硬化させた接着剤の内部応力の変化を示したものです。まず、80℃の硬化で硬化収縮応力が発生します(a)。その後、室温まで冷却すると熱収縮応力が発生します（a→b）。室温で放置すると応力緩和が生じます（b→c）。次に、使用中に50℃まで温度上昇すると、接着剤の膨張によって内部応力は減少しますが（c→d）、若干軟らかくなった接着剤が再び応力緩和を起こします（d→e）。室温と50℃を繰り返すと、応力値ははある値に収束していきます。出荷前に温度サイクルを与えてエージングすることの必要性がわかります。

③接着剤の硬化のタイムラグ

エポキシ系接着剤は、表面付近も内部もほぼ均等に硬化反応が進行しますが、紫外線硬化型接着剤やシリコーン系・変成シリコーン系・ウレタン系接着剤などの湿気硬化型接着剤では、光が照射されたり空気中の水分に接触している表面から硬化が開始し、内部が硬化するのは表面より遅くなります。内部まで十分に硬化していない状態で出荷された場合は、使用中に硬化が進行して内部応力が増加したり、内部応力の分布が変化したりします。

2.4 接着剤の種類と特徴、使用上のポイント

2.4.1 接着剤の硬化・固化の方式と注意点

接着剤が硬化や固化する方式にはいろいろなものがあり、接着剤の種類によって異なっています。接着のプロセスに影響する諸因子は硬化や固化の方式で大きく変わるので、これを知っておくことは重要です。

以下に、硬化や固化の方式について説明します。

(1) 二液の混合による硬化

図2.4.1に示すように、主剤と硬化剤を決められた割合で計量し、十分に混合することで主剤と硬化剤の分子同士を隣接させて反応させるものです。反応が進むと、鎖状から網目構造になります。このような反応は、「付加重合（共重合）」と呼ばれています。

このような方式で硬化する接着剤としては、二液型エポキシ系接着剤、二液型ウレタン系接着剤、二液型シリコーン系接着剤などがあります。

使用する際には、主剤と硬化剤を決められた割合で正確に計量し、十分に混合することが必要です。

付加重合で硬化する二液型シリコーンは、**表2.4.1**に示すような物質に接触していると、硬化が阻害される場合があります。事前に硬化するかどうかを確認しておくことが重要です。

二液型ウレタン系接着剤は発泡に注意が必要です。主剤のポリオールというものは、水と非常になじみやすいため空気中の水分を吸収します。また、硬化剤のイソシアネートというものは水と非常に反応しやすく、反応して二酸化炭素を発生させます。ですから、二液型ウレタン系接着剤の容器を開けて計量・混合などの操作を通常の作業雰囲気で行っていると、接着剤が発泡して使えなくなってしまいます。塗布から貼り合わせまでの放置時間が長くなっても発泡が生じます。二液型ウレタン系接着剤は手作業による計量・混合は不適なので、空気に触れずに計量・混合ができる二連カートリッジ入りや専用の計量・

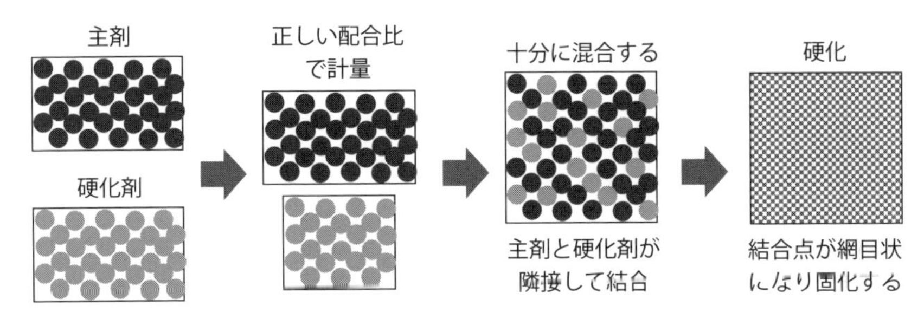

図2.4.1　二液の混合による硬化

表2.4.1　付加型シリコーン系接着剤に対する硬化阻害物質

◆硫黄化合物、リン化合物、窒素化合物
◆有機ゴム（天然ゴム、クロロプレンゴム、ニトリルゴム、EPDMなど）
◆軟質塩ビの可塑剤・熱安定剤
◆アミン硬化系エポキシ樹脂、縮合タイプのシリコーン樹脂、ウレタン樹脂のイソシアネート類、一部のビニルテープ粘着剤・接着剤・塗料（ポリエステル系塗料など）
◆ワックス類、はんだフラックス、松ヤニ、ゴム粘土・油粘土など

混合・塗布装置による作業が必要となります。

(2) 加熱による硬化

一液型のエポキシ系接着剤やシリコーン系接着剤などは、決められた温度以上に加熱することによって付加重合反応で硬化します。一液加熱硬化型のアクリル系接着剤もあります。

これらの接着剤では、加熱するまでは反応しない硬化剤がすでに主剤の中に添加されています。このため保存安定性が良くないので、冷蔵や冷凍保管が必要になります。

一液付加反応型シリコーン系接着剤は、二液付加反応型シリコーン系接着剤と同様に硬化阻害物質には注意が必要です。

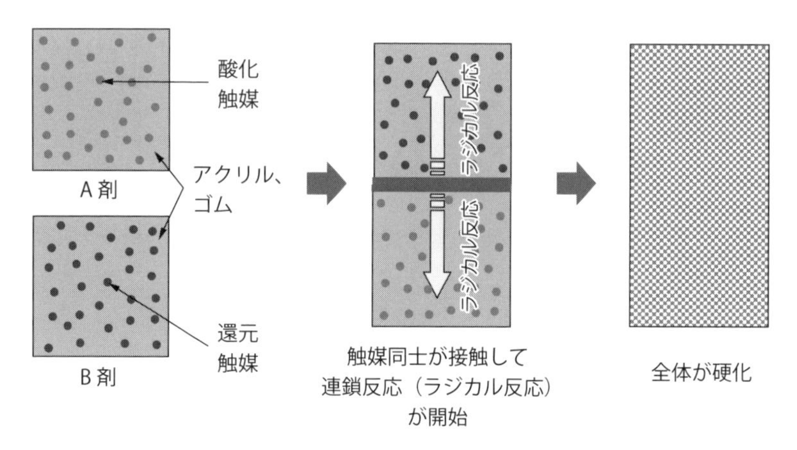

図2.4.2　二液の接触による連鎖反応での硬化

(3) 二液の接触による連鎖反応での硬化

二液主剤型の変性アクリル系接着剤（SGA：第二世代アクリル系接着剤）は、**図2.4.2**に示すように二液とも主成分はほとんど同じで、片方の液には酸化触媒が、もう一方の液には還元触媒がわずかな量添加されていて、それらの触媒が接触することによってラジカルというものが発生し、接着剤の主成分が連鎖反応によって硬化します。このような反応方式は「ラジカル重合」と呼ばれています。

したがって、二液を混合すればもちろん硬化しますが、**図2.4.3**に示すように二液を混合せず、両面にA剤とB剤を別々に塗布したり、A剤の上にB剤を塗布するなどで貼り合わせて二液を接触させたりすることでも、硬化が可能です。また、酸化触媒と還元触媒が接触すればラジカルが発生するので、二液の配合比が相当変化してもきちんと硬化し、目分量で作業することもできます。

二液の一方の触媒を溶液としてプライマーにしたプライマー・主剤型の変性アクリル系接着剤もありますが、これは接着面にプライマーを薄く塗布しておいて主剤を塗布して貼り合わせると、ラジカルが発生して硬化するものです。

ラジカル連鎖反応は、酸化剤と還元剤が接触してラジカルが発生した部分からせいぜい数mm程度しか硬化しないので、プライマータイプや二液を別々に塗布したり重ねて塗布して使用する場合は、接着層の厚さが厚くなると未硬化になる場合があります。

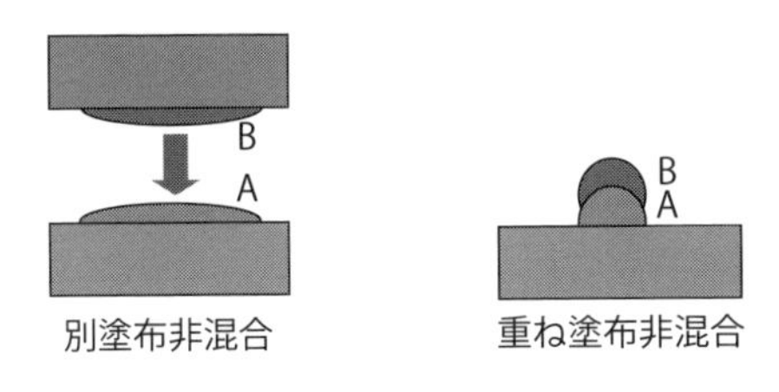

図2.4.3　SGAの別塗布や重ね合わせ塗布による接着

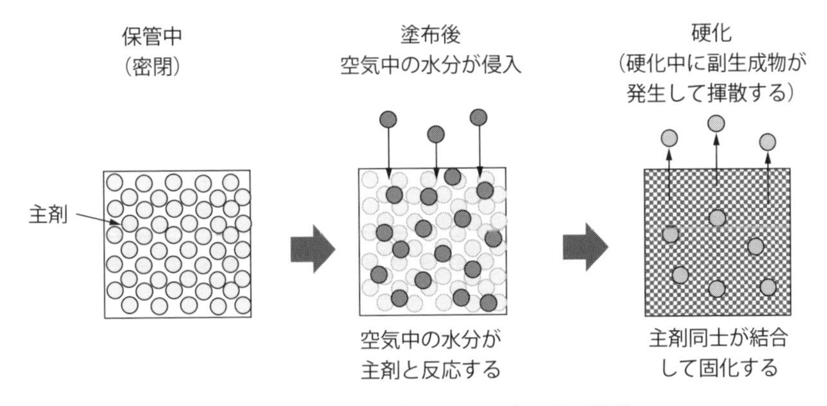

図2.4.4　空気中の水分との反応による硬化

(4) 空気中の水分との反応による硬化

一液室温硬化型のシリコーンRTV、弾性接着剤とも呼ばれている一液型変成シリコーン系接着剤、一液型ウレタン系接着剤などは、空気中の水分と反応して硬化します。

一液室温硬化型のシリコーンRTVや変成シリコーン系接着剤は、**図2.4.4**に示すように、水分と反応して硬化する過程で副生成物が生成して接着剤の外に放出されます。反応の過程で副生成物が生成する反応は「縮合重合反応」と呼ばれています。一液室温硬化型のシリコーンRTVは、酢酸、アセトン、オキシム、アルコールなどが生成し、それぞれ、酢酸タイプ、アセトンタイプ、オキシムタイプ、アルコールタイプと区別されて販売されています。一液型変成シリコーン系接着剤ではアルコールが出るものがほとんどです。酢酸は腐食性があり、アセトンやオキシムは溶剤なので部品の材料によっては腐食したり侵されることがあります。

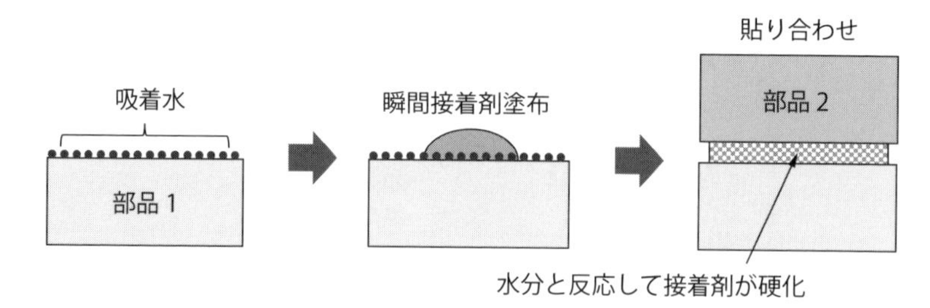

図2.4.5　接着面に付着している水分との反応による硬化

空気中の水分で硬化する接着剤は、接着剤のはみ出し部など空気に触れている部分は硬化しやすいですが、部品の間にはさまれた接着部では水分が接着部の内部まで届くのに時間がかかるので硬化に時間がかかります。したがって、水分を通さない部品の大面積での接着には不適です。また、空気中の水分量は天候や季節によって変化するため高湿度時は早く硬化しますが、低湿度時は非常に時間がかかることになります。低湿度時には加湿などで湿度管理をする必要があります。

(5) 接着面に付着している水分との反応

一液型の瞬間接着剤（正式名称はシアノアクリレート系接着剤と言います）が、塗布して貼り合わせただけで短時間で硬化するのは、**図2.4.5**に示すように、瞬間接着剤の主成分であるシアノアクリレートモノマーが部品の表面に付着しているわずかな水分と接触すると急速に反応硬化するためです。このような反応は「アニオン重合」と呼ばれています。

部品の表面に付着している水分の量は、天候や季節、接着する部品の材質、表面状態などによって異なるため、硬化時間も変化します。また、表面に付着している水分量はわずかなので、厚い接着層では硬化しにくくなります。瞬間接着剤では、極力薄い接着層で使用するのはこのためです。

(6) 酸素の遮断と活性金属への接触による硬化

ねじの緩み止め用に多用されてきたアクリル系の嫌気性接着剤は、最近では性能が向上しさまざまな部品組立にも使用されています。一液型の嫌気性接着剤は、酸素の遮断と活性材料への接触の二つの条件が満たされることによってラジカルが発生して連鎖反応で硬化するものです。活性材料や不活性材料とし

表2.4.2　嫌気性接着剤における活性材料と不活性材料

活性材料	鋼、銅、黄銅、リン青銅、アルミ合金、チタン、ステンレス、ニッケル、マンガン、コバルト、(亜鉛)、(銀) など
不活性材料	純アルミ、マグネシウム、金、(亜鉛)、(銀)、アルマイト処理、クロムめっき、クロメート処理、リン酸塩被膜、ゴム、ガラス、セラミックス、プラスチックス、など

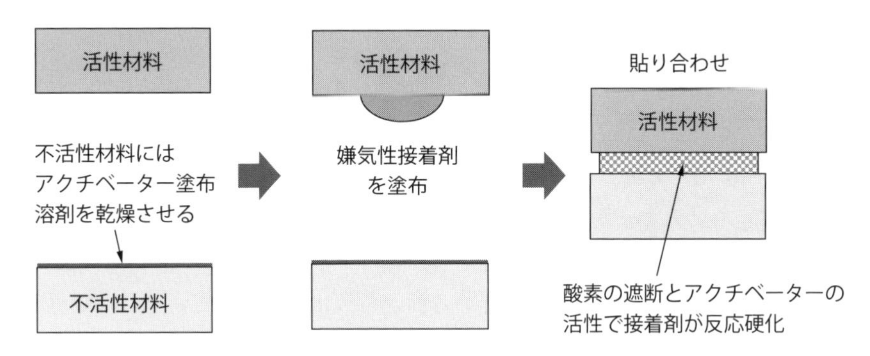

図2.4.6　酸素の遮断と活性金属への接触による硬化

ては、**表2.4.2**のようなものがあります。

不活性材料では硬化しないため、**図2.4.6**に示すようにあらかじめ不活性材料の接着面に、アクチベーターと呼ばれる活性材料の溶液を塗布・乾燥させた後に、嫌気性接着剤を塗布して貼り合わせれば接着することができます。

嫌気性接着剤は活性材料面からラジカル連鎖反応で硬化するため、接着層の厚さが厚くなると硬化しにくくなります。極力薄い接着層で使用しなければなりません。

嫌気性接着剤は、はみ出し部など空気に触れている部分は硬化しないので、嫌気性と紫外線硬化や湿気硬化、熱硬化などを併用したタイプが多く市販されています。

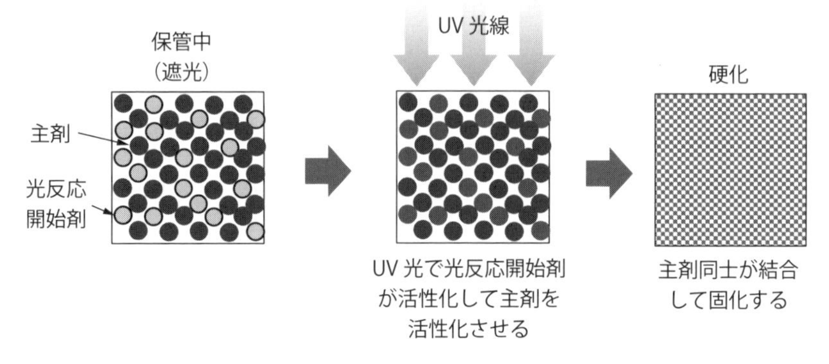

図2.4.7　光照射による硬化

(7) 光照射による硬化

紫外線や可視光線で硬化する一液型の光硬化型接着剤では、**図2.4.7**に示すように光反応開始剤というものが主剤の中に添加してあって、光を照射することで反応開始剤が分解し、硬化触媒となって主剤を硬化させます。主剤は、アクリル系、エンチオール系、エポキシ系、シリコーン系などのものがあります。

光硬化型接着剤は、光が当たっている面から硬化が進行していくので硬化反応は均一な速度で進まず、表面と内部とでタイムラグが生じます。また、光が当たらない部分は硬化しないため、熱硬化や嫌気硬化を併用したものも多く販売されています。

(8) 溶媒の乾燥による固化

接着剤には、樹脂やゴム成分を溶剤に溶かした溶液型接着剤や、水に分散させたエマルジョン型接着剤も多くあります。このような接着剤は、接着剤を塗布して貼り合わせた後に溶剤や水が揮散することで、樹脂やゴム成分が残って接着するものです。成分の樹脂やゴムは反応は起こさず、分子がからみ合って固化します。

(9) 冷却による固化

ホットメルト接着剤は、固形の接着剤を熱で溶かして液体にした状態で部品に塗布して、冷えればまた固体に戻る接着剤で、反応硬化はしません。

ただ、ウレタン系の反応型ホットメルト接着剤というものは、一般のホットメルト接着剤と同様に固体を熱溶融して接着した後、放置中に空気中の水分と徐々に反応して硬化するものです。

(10) 状態が変化しないもの

粘着テープや両面接着テープの粘着剤は、接着前も接着後も同じ状態のままで反応硬化はしません。粘着剤は、貼り合わせるときには液体として作用し、貼り合わせ後は固体として作用するように調整された粘弾性体です。

2.4.2 部品や機器の組立に多用されている接着剤の種類と特性

ここまで接着剤を硬化・固化の方式別に説明してきましたが、次は、部品や機器の組立に多用されている接着剤の種類別に、性能や使用上の注意点などを説明します。

(1) 構造用接着剤、準構造用接着剤

構造用接着剤とは、強度と耐久性が必要な箇所に用いられる接着剤のことです。JIS K 6800 接着剤・接着用語では、長期間大きな荷重に耐える信頼できる接着剤と定義されています。代表的な構造用接着剤として、エポキシ系接着剤、変性アクリル系接着剤（SGA）、二液型ウレタン系接着剤があります。ブレーキシューなどの接着では、耐熱性が要求されるためフェノール系接着剤も使われます。ここでは、エポキシ系接着剤、変性アクリル系接着剤（SGA）、ウレタン系接着剤について説明します。

(1-1) エポキシ樹脂系接着剤

硬化したエポキシ樹脂自体は機械的特性や電気的特性、耐薬品性などに優れていますが、一般に硬くて脆いため、各種の樹脂やゴムなどで変性することで構造強度・低温特性・強靭性などが付与されています。

加熱硬化型の中には油面接着性を有するものがあり、油が付着した面でも脱脂なしで接着できます。エポキシ樹脂中に多量の銀や銅などの金属粉末を添加して導電性を付与したものもあります。

二液型エポキシ系接着剤の注意点としては、次のようなものがあります。

○混合開始から貼り合わせ、加圧開始までの使用可能時間（ポットライフや可使時間と呼ぶ）に制限がある。作業時の温度が高い場合や混合量が多い

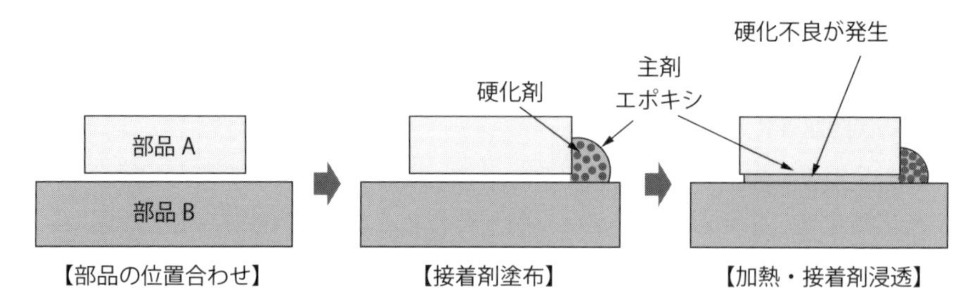

図2.4.8　粉末硬化剤を用いた一液加熱硬化型接着剤で「浸透接着」する場合の硬化不良

と、使用可能時間が短くなる

○10℃以下の低温では硬化しにくい

○基本的に油面接着性はない（接着面の十分な脱脂・清浄が必要）

一液型エポキシ系接着剤の注意点としては、次のようなものがあります。

○油面接着性のあるものと、ないものがある

○粉末硬化剤を用いた一液型で「浸透接着」を行う場合、図2.4.8に示すように、昇温中に液状の主剤は粘度が低下して先に接着部に浸透するが、硬化剤は一定温度以上になるまで溶融しないため、接着部に浸透できずに硬化不良となる

一液型、二液型に共通の注意点として以下が挙げられます。

○硬化後硬いものははく離、衝撃に弱い。カタログを見るときは、せん断強度だけでなく、はく離強度もチェックする必要がある

○接着剤中に水分や空気などの気体が混ざっていると、加熱硬化時に発泡の原因となる

(1-2) 変性アクリル系接着剤（SGA）

この接着剤は、他の接着剤にはない次のような多くの特徴があります。

○優れた油面接着性を有している。シリコーン離型剤などが付着した面でも凝集破壊を起こす

○室温で短時間に硬化する。10℃以下の低温でも硬化する

○可使時間が長いタイプでも硬化時間が短い

○通常は接着できないポリエチレンやポリプロピレンを接着できるものもある

注意点としては、次のようなものがあります。

○容器で二液を混合すると、急激な発熱を起こして短時間で硬化するため、容器での計量・混合は行わないこと

○可使時間を超えると急激に反応硬化するので、可使時間以内の作業が必須

○シリコーン離型剤が付着した面でも接着するので、治具の離型にはフィルムなどの固体を用いる必要がある

○MMA（メチルメタアクリレート）を主成分としたタイプは臭気が強く、危険物第4類第1～第2石油類に該当する（非MMAタイプは臭気が少なく、第3類石油類に該当する）

(1-3) 二液型ウレタン樹脂系接着剤

特徴としては、次のようなものがあります。

○一般に樹脂への接着性に優れている

○硬化物はエポキシに比べて柔軟なものが多く、はく離強度、衝撃強度に優れている

注意点としては、次のようなものがあります。

○金属の接着ではプライマーが必要な場合が多い

○基本的に油面接着性はない（接着面の十分な脱脂・清浄が必要）

○混合量が多く、作業雰囲気温度・湿度が高いとポットライフが短くなる

表2.4.3に、上記3種類の接着剤の特性の比較を示しました。

(2) エンジニアリング接着剤

エンジニアリング接着剤は明確な定義がなく、筆者は「接着の硬化機構、作業性、機能・特性などに特異な特徴を持ち、工業製品の組立に用いられる接着剤」と考えています。嫌気性接着剤、光硬化型接着剤、瞬間接着剤、シリコーン系接着剤、変成シリコーン系接着剤、両面テープ（感圧接着テープ）などがあります。

(2-1) 嫌気性接着剤

特徴としては、一液型で使いやすい、室温で硬化する、などがあります。その一方で、注意点としては次のようなものがあります。

○硬化を阻害する要因が多く、採用に当たり予備評価が重要となる

○接着層の厚さが0.1 mm以上になる部分は硬化しにくい

○接着層が厚くなると硬化速度が遅くなる

表2.4.3　二液型のエポキシ系、アクリル系、ウレタン系の諸特性の比較

特　性		二液型エポキシ系	二液型アクリル系	二液型ウレタン系
作業性	硬化反応	付加反応	ラジカル反応	付加反応
	油面接着性	なし	優れる	なし
	硬化時間/可使時間の比	12〜16倍	3〜4倍	12〜16倍
	可使時間経過後から固着までの時間	長い	短い	長い
	低温硬化性	10 ℃以下では硬化しにくい	良好	10 ℃以下では硬化しにくい
	配合比の許容範囲	狭い	広い	狭い
	混合度合い	厳密混合必要	簡易混合で可	厳密混合必要
	非混合接着	不可能	可能	不可能
	はみ出し部硬化性	良好	良好	良好だが発泡の可能性有り
	作業環境温度	低温時加温要	制約なし	低温時加温要
	作業環境湿度	制約なし	制約なし	多湿時発泡の恐れあり
	ウェルドボンディング性	可能	可能	不明
	焼付け塗装耐熱性	良好	良好	良好
	接着剤への塗料の密着性	良好	良好	良好
	接着部近傍での溶接性	耐える	耐える	不明
塗布装置	計量機構	必要	不要	必要
	ミキサー	スタティック、ダイナミック	スタティックミキサー	ダイナミック、スタティック
	乾燥空気	不要	不要	必要
	ミキサーゲル化防止	一定時間ごとに捨て打ち	空気洗浄可能	一定時間ごとに捨て打ち
	温度変化による二液の粘度差	生じる	生じない	生じる
強度特性	せん断	高い	高い	中程度
	はく離	低い	高い	高い
	耐衝撃性	低い	高い	高い
	高温強度	高い品種あり	高い品種あり	低い
	振動吸収性	硬い物は劣る	良好	良好
	傾斜機能の付与	困難	簡易に可能	困難
耐久性	屋外暴露	良好	良好	良好
	耐熱劣化性	良好	良好	劣る
	耐湿性	良好	良好	良好
	疲労特性	良好	良好	良好
	耐クリープ性	良好	弱い	弱い
信頼性	凝集破壊性	低い	高い	中程度
	強度ばらつき	中程度	小さい	中程度
その他	硬化収縮率	低い	大きい	低い
	応力緩和性	低い	良好	良好
	難燃化	可能	可能	可能
	臭気	なし〜あり	あり〜なし	なし
	接着剤単価	中程度	若干高め	安価
	トータルコスト	中程度	安価	中程度

○表面がポーラス（多孔質）な被着材料では硬化不良が生じやすい
○被着材料の種類により硬化速度や最終強度（硬化性）が変化する
○油面接着性に劣る
○洗浄剤の残渣により硬化不良を起こすことがある
○空気に触れるはみ出し部分は硬化しない
○貼り合わせ時に空気を巻き込むと硬化不良が生じる
○十分な強度を出すには加熱が必要となる場合が多い

(2-2) 光硬化型接着剤

特徴としては、一液で光を当てるだけで短時間に硬化するため、使用が容易な点です。

注意点としては、次のようなものがあります。

○紫外線や可視光を透過する被着材料にしか使用できない
○接着剤が浸み込んで光が当たらない部分は硬化しない
○空気に触れている部分は表面硬化性が悪く、べたつきが残りやすい（特にアクリル系）
○エポキシ光カチオン重合型接着剤は、水分や塩基性物質により硬化不良を起こしやすい

(2-3) 瞬間（シアノアクリレート系）接着剤

特徴としては、何と言っても一液で秒単位の短時間で硬化する点です。また、接着がしにくい各種のプラスチックにも優れた接着性を示すものや、プライマーの併用でポリエチレンやポリプロピレン、フッ素樹脂を接着できるものもあるなど、難接着性材料の接着にも効果を発揮します。低粘度のものが多く、浸透接着ができる点も便利です。

注意点としては、次のようなものがあります。

○硬化物は硬く脆いものが多いため、はく離や衝撃に弱い
○一般に耐湿性に劣る
○高温では劣化しやすい
○大物部品の接着には不適
○接着層の厚さが0.1 mm以上になる部分は硬化しにくい
○油面接着性はない

○接着部周辺で白化現象が生じやすい
○はみ出し部は硬化しにくい
○瞬間接着剤には溶剤的作用もあるので、プラスチック部品のクレージングには要注意（特にアクリル、ポリカ、ポリスチレンなど）
○空気中の水分と反応するため、いったん開封すると再度封をしても保管可能期間はかなり短い（1週間以内の使用が望ましい）
○皮膚に付着し、接着してしまう事故が起きやすい
○繊維の手袋などに浸み込むと水分と急激に反応して高熱を発し、やけどをする危険性がある

(2-4) シリコーン系接着剤

特徴としては、耐熱性・耐寒性に優れている、ゴム弾性に優れている、などがあります。

また、耐水性に優れていてシール材として多用されていますが、高温の水蒸気はエポキシ樹脂に比べて通しやすいので、高温高湿度中でのシールへの適用は注意が必要です。

シリコーン樹脂中に含まれる不純物が火花によって焼けて、無機物のシリカになると導通不良の原因となり得るので、電気・電子部品などでは不純物を極力少なくした電気・電子機器用グレードを使用する必要があります。

シリコーン樹脂が付着すると、後工程での接着や塗装に影響を及ぼすことがあるので、シリコーンの塗布作業はできるだけ最終工程で行うのが好ましいです。

(2-5) 変成シリコーン系接着剤

変成シリコーン系接着剤は、アクリル、ウレタン、エポキシなどの骨格樹脂の末端を変成シリコーンポリマーで変成した接着剤で、(2-4) で述べたシリコーン系接着剤とは異なるものなので間違わないようにしてください。

特徴としては、柔軟性・弾力性があり、難接着性材料への密着性に優れています。ポリエチレン、ポリプロピレンなどに使用できるものもあります。シール材としても多用されています。

注意点としては、シリコーン系接着剤と比較すると高温下では強度が低下す

表2.4.4　接着剤の種類と形態、反応・固化の方式

接着剤の種類	形　態	反応・固化の方式
エポキシ系接着剤	一液、固形	硬化剤が添加してあり加熱によって反応硬化（付加重合反応）
	二液	主剤と硬化剤の混合による硬化（付加重合反応）
ウレタン系接着剤	一液	空気中の水分で反応硬化
	二液	主剤と硬化剤の混合による硬化（付加重合反応）
	ホットメルト（固形）	加熱溶融・冷却で接着。その後、空気中の水分で反応硬化。
変性アクリル系接着剤（SGA）	二液	主剤と硬化剤の接触による硬化（ラジカル重合反応）
	主剤・プライマー	主剤とプライマーの接触による硬化（ラジカル重合反応）
	一液	硬化剤が添加してあり加熱によって反応硬化
嫌気性接着剤	一液	活性材料に接触していれば酸素の遮断で反応硬化（ラジカル重合反応）
	一液＋プライマー（アクセラレーター）	不活性材料の場合は、活性剤のプライマーを塗布して乾燥し、酸素の遮断で反応硬化（ラジカル重合反応）
光硬化型接着剤	一液	紫外線や可視光線の照射で反応硬化（ラジカル重合反応）
瞬間（シアノアクリレート系）接着剤	一液	被着材表面に付着している水分で反応硬化（アニオン重合）
シリコーン系接着剤	一液室温硬化型	空気中の水分で反応硬化（副生成物を発生）（縮合重合反応）
	一液加熱硬化型	硬化剤が添加してあり加熱によって反応硬化（付加重合反応）
	二液型	主剤と硬化剤の混合による硬化（付加重合反応）
変成シリコーン系接着剤	一液型	空気中の水分で反応硬化（副生成物を発生）（縮合重合反応）
	二液型	主剤と硬化剤の混合による硬化
両面接着（感圧接着）テープ	固形	反応硬化はしない

る、クリープを起こしやすい、などがあります。

(2-6) 両面粘着テープ（感圧接着テープ）

最大の長所は取り扱いが容易で、即座に接着強度が得られる点です。

両面テープには、各種組立用に多用されているアクリル系、梱包用などに多用されるゴム系、耐熱性が必要な場合に用いられるシリコーン系などがあります。特殊なものは、粘着で貼り合わせた後、加熱によって硬化させます。形状はテープ状やフィルム状が一般的ですが、部品にパターン塗布されて供給されるものもあります。

両面テープは正式名称を「感圧接着テープ」と言い、貼付後に十分な加圧が必要です。粘弾性により、貼付時は液体、貼付後は固体として作用します。

短所としては、接着剤に比べて強度が低い点、高温強度が低い点、油面接着性がない点、低温時にはタック性が劣るため部品の予熱が必要な点、クリープに弱い点などです。

表2.4.4に接着剤の種類、形態、反応・固化の方式をまとめました。

実際に使用する際の〈接着剤の管理のポイントチェックリスト〉を**付録3**に掲載しました。表中の●は重要なポイントです。

参 考 文 献（第2章）

1) 原賀康介：「高信頼性接着の実務―事例と信頼性の考え方―」（日刊工業新聞社），p.24-30（2013）.
2) 寺本和良、岡島敏浩、松本好家、栗原茂：“紫外線による表面改質”、日本接着学会誌、Vol.29、No.4、p.180（1993）.
3) RHESCAホームページ：http://www.rhesca.co.jp/lineup/ptr/ptr1101_mode_05.html
4) 原賀康介、佐藤千明：「自動車軽量化のための接着接合入門」（日刊工業新聞社）、p.119-120（2015）.
5) HARUNA K, HARAGA K：“Finite Element Analysis for Internal Stress of Room Temperature Cured Adhesives.”, Tech Pap Soc Manuf Eng, No.AD97-207, p.1-7、（1997）
6) 寺本和良、西川哲也、原賀康介：“接着による光学歪に及ぼす接着条件の影響”、日本接着協会誌、Vol.25、No.11、p.7（1989）.
7) 春名一志、寺本和良、原賀康介、月舘隆二：“エポキシ系接着剤硬化過程における残留応力発生挙動”、日本接着学会誌、Vol.36、No.9、p.39（2000）.

第3章

ユーザー視点からの“新しい”接着剤の選び方

3.1 従来の接着剤の選び方

3.1.1 被着材料の種類と組合せから選ぶ（直交表）

この方法は**図3.1.1**[1]に示すように、接着しようとする被着材料の種類の組合せから、接着しやすい接着剤の種類を主成分を主体に選定する方法です。

この方法は簡便に使えますが、要求される機能・特性は考慮されません。また、被着材料の種類が同じでも要求機能に合わせて種々のグレードがあり、接着性も大きく異なる場合があったり、表面にめっきや塗装、コーティングなどがなされていたり、内部離型剤や可塑剤が表面に移行していたり、洗浄の方法によっても接着性は大きく異なります。このため、直交表からの選定はきわめて大まかな目安程度と考えた法がよいでしょう。

最近では、ほとんどの被着材は表面改質で接着しやすくできることを考えると、直交表の役割はそろそろ終わりと言ってもいいかもしれません。

3.1.2 SP値（溶解度パラメーター、凝集エネルギー密度）で選ぶ

接着剤と被着材料のSP値が近いほど相溶性が良く、接着しやすいと言われています。**表3.1.1**[2]に示すように、代表的なプラスチックや溶剤などのSP値はすでに測定されているので、溶剤に溶けるプラスチック同士を溶剤で溶かして接着するような場合には有効な方法です。しかし、溶剤にも溶けず接着剤とも相溶しない金属やガラスの接着など、分子間力による接着に当てはめるのは困難です。

もし、SP値がそれほど重要な指標であるなら、各種の被着材のSP値や接着剤のSP値はカタログに当然記載されているべきですが、ほとんど示されていません。では、SP値を実測すればよいのでしょうが、測定は簡単ではありません。

ということは、理論的に正しくても実用的にはほとんど意味がなく、実際の

	皮革	布	木	発泡スチロール	発泡ウレタン	スチロール	アクリル	軟質塩ビ	硬質塩ビ	エポキシ樹脂	ゴム	石材・コンクリート	ガラス・陶磁器	金属
金属	1,2	1,2	8,10	8,10	1,8	1,8	1,8	2	1,2,10	1,9,10	1,9,10	10,11	9,10,11	9,10,11
ガラス・陶磁器	1,5	1,5,6	8,10	8,10	5,6,10	1,8,9	8,9	2	1,2,9	8,9,10	1,9	9,10,11	8,9,10	
石材・コンクリート	1,5	1,5	5,6,10	10	5,6,10	1,8	1,9	2	1,2,9	8,9,10	1,9	8,9,11		
ゴム	1,8	1	1	8	1	1,8	1,9	2	1,9	1,9	1,9			
エポキシ樹脂	1,8	1	6,9,10	10	1	1,8	1,9	2	1,9	9,10,11				
硬質塩ビ	1,8	1	1,8	8,10	1	1,8	1,9	2	4					
軟質塩ビ	2	2	2	2	2	2	2	2						
アクリル	1,8	1	1,8	8	1	4,9	4,9							
スチロール	1,8	1	1,8	8	1	4,9								
発泡ウレタン	1,8	1	5,6	8	1,8									
発泡スチロール	5,6	5,6	5,6	8,10										
木	1,6,8	1,6	6,8											
布	1,5	1,7,8												
皮革	1,2,8													

1. クロロプレンゴム系
2. ニトリルゴム系
3. SBR 系
4. ドープセメント系
5. 酢酸ビニル溶剤系
6. 酢酸ビニルエマルション系
7. ホットメルト系
8. 変成シリコーン系
9. シアノアクリレート系
10. エポキシ樹脂系
11. SGA 系

図 3.1.1　被着材料の組合せから接着剤を選ぶ選定直交表[1)]

表3.1.1　代表的な溶剤とポリマーのSP値[2)]

$(j/m^3)^{1/2}\cdot10^{-3}$

溶媒	SP値	ポリマー	SP値
n-ヘキサン	14.9	ポリテトラフルオロエチレン	12.7
キシレン	18.0	ブチルゴム	14.9
トルエン	18.0	ポリエチレン	16.2
アセトン	20.5	天然ゴム	16.2〜17.0
酢酸エチル	18.6	スチレン・ブタジエンゴム	16.6〜17.4
酢酸ブチル	17.4	ポリスチレン	17.6〜19.8
フタル酸ジブチル	19.2	クロロプレンゴム	18.8
アセトニトリル	24.4	ポリ酢酸ビニル	19.2
メタノール	29.7	ポリ塩化ビニル	19.4〜19.8
エタノール	26.0	エポキシ樹脂	19.8〜22.3
イソプロパノール	23.5	フェノール樹脂	23.5

接着剤選定の基準としては適当とは言えません。

3.1.3 樹脂やゴムの各種特性の星取り表から選ぶ

耐熱性、耐薬品性、耐油性など種々の要求特性に強い成分の接着剤を、星取り表から選ぶ方法です。しかし、接着剤は各種の樹脂やゴムなどの配合物であり、単独の樹脂の性質とはかなり異なる性質を持つものが多いため、成分の詳細がわからない接着剤ユーザーにはこの方法はあまり役に立ちません。

3.2 “新しい”接着剤の選び方
—要求スペックと用途、カタログデータから選ぶ—

3.2.1 接着剤のユーザーが求めていること

接着剤を用いて部品や機器の組立を行う〈接着ユーザー〉が接着剤に求めていることは、材質Aと材質Bに「よく接着する」ことではなく、部品や機器に要求される機能・特性を満足することなのです。

被着材料表面の接着性は表面改質で対応可能です。

3.2.2 接着剤選定時に考慮すべき項目

一般に、接着剤は次のような部品・機器の機能・性能面からの要求項目を考慮して選定する必要があります。

○部品の構造、接着部の構造

○接着部への力の加わり方と必要強度

○部品にひずみを生じないこと

○部品の位置ずれがないこと

○アウトガスが少ないこと

○電気的特性、光学的特性

○部品の材質、接着面の状態

○使用環境

　～使用温度範囲、湿度、水がかかるか、耐薬品性、真空中での使用ほか

○耐用年数

また、次のような接着作業面での制約条件を考慮して選定する必要があります。

○はみ出し不可、縦面塗布で垂れない

○塗布方法（ノズル塗布、転写塗布、印刷塗布）

○隅肉接着、浸透接着

○硬化方法、時間

これらの条件を満足する接着剤に、一気に行き着くのは容易ではありません。以下に、どのような手順で行き着けばよいのかを説明します。

3.2.3 社内で使用されている接着剤を知っておく

同じ社内といえども、部署が違えば情報の共有がなされていないというケースは多く見られます。まずは、自社内でどんな接着剤がどんな用途に使われているのか、どんな要求条件に対してどのようにして選定されたのか、どのくらいの実績があるのか、どんな課題やトラブル事例があるのか、などを知ることは重要です。

3.2.4 接着剤や接着剤メーカーについての情報を知る

(1) 接着剤メーカーを知る

接着剤や接着剤メーカーに関する情報収集の場としては、各種の展示会や雑誌などの広告、インターネット検索などがあります。しかし、接着剤を探さなければならないという必然性がなければ、これらの情報に接しても無関心に見過ごすことになります。たかが接着剤、されど接着剤、これからの時代においては接着剤は組立の必須材料となることを考えると、日頃からできるだけ関心を持って情報収集を行うようにしましょう。

接着剤はニッチな機能材料の一つであるため、接着剤を開発・製造・販売している企業は大手材料メーカーから小規模なメーカーまで広範囲にわたっています。こんな会社がこんな接着剤を作っているのか！と驚くことも多々あります。

どのような企業が接着剤を製造しているのかを知るためには、関連する工業会のホームページを見るところから始めるのがよいでしょう。

接着剤に関する国内の代表的な工業会としては、日本接着剤工業会 https://www.jaia.gr.jp があります。その中に、接着剤メーカーを主とする会員一覧リスト https://www.jaia.gr.jp/cgi-bin/seikaiin.cgi と、原材料メーカーや塗布装置などの接着関連設備のメーカーなどの賛助会員一覧リスト https://www.jaia.gr.jp/cgi-bin/sanjyokaiin.cgi があります。掲載されているメーカー名をクリックすると、会社の特色や主な製造品目や主な商品名などがわかり、その企業のホームページにリンクすることができます。初めて見る企業名も多くあることでしょう。

また、粘着テープに関しては、日本粘着テープ工業会 http://www.jatma.jp があります。ここにも会員一覧のページ http://www.jatma.jp/kai.html や賛助会員の一覧ページ http://www.jatma.jp/sankai.html があり、それぞれの企業のホームページにリンクされています。

しかし、大手化学メーカーや特定の材料分野の企業で、これらの工業会に属していない企業もあります。例えば、シリコーン系接着剤の企業は、シリコーン工業会 http://siaj.jp/ja に属していて、会員企業はちょっと探しにくいですが、https://siaj.jp/ja/aboutus/index.html に掲載されています。2021年12月時点では、旭化成ワッカーシリコーン㈱、JNC㈱、信越化学工業㈱、ダウ・東レ㈱、デュポン・東レ・スペシャルティ・マテリアル㈱、モメンティブ・パフォーマンス・マテリアルズ・ジャパン(同)の6社が掲載されています。また、米国や欧州などの海外のシリコーン工業会へのリンクも掲載されています。

また、日本ゴム協会 https://www.srij.or.jp の会員ページ https://www.srij.or.jp/newsite/supporting_members/ にも各種接着剤やシリコンメーカーなど多くの企業が掲載されています。

エポキシ樹脂に特化すればエポキシ樹脂技術協会があり、会員一覧 http://epoxygk.world.coocan.jp/kaiinn.html#houjin には、エポキシ樹脂関係の企業が掲載されています。

接着剤の製品情報を集めたサイトやネット販売サイトも有効です。

例えば、接着剤のWEB販売サイトとしては、

○モノタロウ　https://www.monotaro.com/s/?c=&q=%90%DA%92%85%8D%DC

○MiSUMi　https://jp.misumi-ec.com/vona2/result/?Keyword=%E6%8E%A5%E7%9D%80%E5%89%A4&isReSearch=0

○接着剤ツールファースト　http://www.toolfirst.jp/index.htm

○オレンジブック.com　https://www.orange-book.com/ja/c/search/result.html?category=H_01

などがあります。

接着剤の情報サイトとしては、

○indexPro　https://www.indexpro.co.jp/Category/1585

○iPROS　https://www.ipros.jp/cg1/%e6%8e%a5%e7%9d%80%e5%89%a4/?p=1

○VIGOR SCIENCE　http://vigor-science.com/index.html

などがあります。

ただ、大手メーカーでも掲載されていないなど、すべての接着剤メーカーの製品が掲載されているわけではありません。

(2) 定番商品を知る

接着剤に詳しくない技術者が特定用途における定番商品を知ることは容易ではありませんが、自分が関連している部品や機器に限定すれば、関連企業、他社情報、文献情報、各種の講演会やセミナーなどから情報を得ることはできるでしょう。定番商品には海外製の接着剤も多くあるので、国内代理店などの購入ルートも知っておく必要があります。

3.2.5 接着剤の選定手順

(1) 要求スペックを明確化する

接着剤を選ぶためには、まず、接着部への要求機能・特性、すなわちスペックを明確化にしなければなりません。このとき、重要な点は、〈絶対的な制約条件〉と〈希望的条件〉を明確に区別することです。

例えば、**図3.2.1**のようにプラスチックのレンズ鏡筒にガラスレンズを光軸合わせを行った状態でレンズの周囲に接着剤を4点隅肉状に塗布して硬化させる部品で考えてみましょう。1カ所の塗布量は、5 mg（0.005 g）とします。要求されるスペックとしては、次のような条件が提示されたとします。

①レンズがひずまないこと（ひずみの許容レベルは10 nmオーダー）

②軸ずれが生じないこと（ずれの許容レベルはサブμmオーダー）

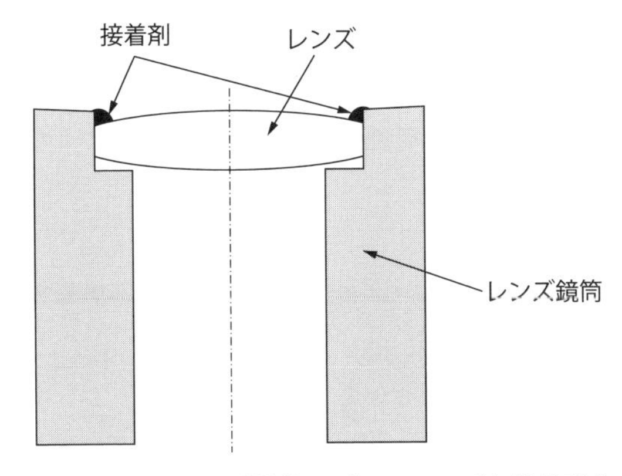

図3.2.1　プラスチックのレンズ鏡筒にガラスレンズを接着剤を４点隅肉状に塗布して硬化させる部品の例

③使用中にアウトガスが発生しないこと（レンズが曇らないこと）

④使用温度範囲は－20～90 ℃

⑤使用環境湿度は20～90 %RH

⑥接着部に加わる力はレンズの自重のみ。ただし、部品はあらゆる向きで使われる

⑦室温で短時間に硬化すること（レンズと鏡筒の軸合わせをした状態で硬化させるため）

⑧接着剤がレンズ側面と鏡筒の隙間に流れ込んではいけない

⑨一液型であること

⑩安価

⑪前処理が容易

これらの要求スペックの中で、①～⑧はどうしても守らねばならない〈絶対的な制約条件〉ですが、⑨～⑪は〈希望的条件〉にすぎません。〈希望的条件〉まですべてを考えていると、該当品に行き当たらなくなってしまいます。

(2)〈絶対的な制約条件〉に影響する接着剤の特性因子を抽出する

スペック①レンズがひずまないこと、に影響する接着剤の特性因子としては、次のようなものがあります。

1）接着剤の硬化収縮率

硬化収縮率が大きいほど部品のひずみは増加します。

2）硬化後の接着剤の弾性率（硬さ）

硬化後の弾性率が高いほど部品のひずみは増加します。

また、スペック④の使用温度範囲を考慮すると、次のような因子が加わります。

3）接着剤の線膨張係数

接着剤の線膨張係数が大きいほど部品のひずみは増加します。

4）弾性率の温度による変化、

一般に接着剤は低温では弾性率が高く、高温では低下するので、低温使用時には部品のひずみは増加します。接着剤の弾性率はガラス転移温度Tg以下では高く、Tg以上では低くなります。

1）～4）から、硬化収縮率は小さいものがよい、硬化後の弾性率は低いものがよい、線膨張係数は小さいものがよい、低温でも硬くなりすぎないようにTgは低いものがよい、ということになります。

スペック②軸ずれが生じないこと、に影響する接着剤の特性因子としては、スペック④の使用温度範囲も考慮すると、次のような因子があります。

1）4カ所の塗布量にばらつきがあると、硬化収縮によって塗布量が多い方に引っ張られる。硬化収縮率が大きいほど、また硬化後の弾性率が高いほど位置ずれは起こりやすい。

2）4カ所の塗布量にばらつきがない場合は、接着剤の弾性率が高くて硬いほどレンズの自重やクリープによる部品の動きは小さくなります。

3）接着剤はTg以上では軟らかくなるため、レンズの自重による軸ずれやクリープ変形を起こしやすくなります。

1）、2）から、4カ所の塗布量のばらつきを小さくすることが重要であることがわかります。ばらつきを小さくできれば、Tgが高く、使用上限温度でも弾性率が高いものがよいことになります。

塗布量のばらつきを小さくするには、接着剤の粘性が大きく影響します。またスペック⑧には、接着剤がレンズ側面と鏡筒の隙間に流れ込んではいけないという条件があり、ここも接着剤の粘性が大きく影響します。接着剤の浸透性には、粘度だけでなくチキソトロピック性（揺変性）が大きく影響します。粘度が同じでもチキソトロピック性が異なると流動性、浸透性、糸切れ性は大きく変化します。浸透が少なく、糸切れが良く、塗布量をコントロールしやすくするためには、チキソトロピック性が高い接着剤が好ましいということになります。

スペック③使用中にアウトガスが発生しないこと、に影響する接着剤の特性因子としては、次のようなものがあります。

1）接着剤の成分

2）硬化後の未反応物の成分と量、その蒸気圧

しかし、これらを接着剤のユーザーが知ることは非常に困難です。そうなると、メーカーのカタログなどでアウトガスが少ないと記されているものを選ぶしかないということになります。

幸い、アウトガスに関しては、JAXAのアウトガス・データベース https://matdb.jaxa.jp/Outgas/OG explain_j.html があり、非常に役に立ちます。このデータベースでは、接着剤以外にも多くの用途別に検索ができます。熱真空環境下において、有機材料などから放出されるアウトガス・データベースで「接着剤」を検索すると約650種類、オフガス・データベースでは100種類以上の接着剤が検索されます。

⑤湿度の影響については、接着剤は水を吸うと体積の増加（吸水膨潤）と弾性率の低下を起こします。吸水膨潤や弾性率の低下が大きければ位置ずれが起こりやすくなります。

残された＜絶対的な制約条件＞として、⑦室温で短時間に硬化すること（レンズと鏡筒の軸合わせをした状態で硬化させるため）があります。室温で1分以内程度の短時間に硬化する接着剤としては、瞬間接着剤、光硬化型接着剤、嫌気性接着剤、二液型やプライマー型のアクリル系接着剤（SGA）、ホットメルト型接着剤、溶剤揮散型接着剤などが考えられます。絞り込むには、それぞれの接着剤の欠点を考えます。

瞬間接着剤は、隅肉状の塗布では硬化しにくく白化を起こしやすいので光学部品の接着には不適、嫌気性接着剤は空気に触れる隅肉状塗布では硬化しない、短時間硬化の二液型SGAはミキシングノズルの管理が困難、プライマー型SGAは隅肉状では硬化しにくい、ホットメルト型接着剤は高温で溶融した接着剤を塗布するため冷却過程で大きな収縮が起こる、糸切れが悪く定量塗布

がしにくい、溶剤揮散型接着剤は隙間に浸透しやすくアウトガスも出やすい、などの欠点があります。残された光硬化型接着剤であれば、大きな欠点は見当たらず適用可能と考えられます。

このように接着剤の欠点から接着剤を絞り込むときには、**付録2**の〈消去法による接着剤選定チェックリスト〉を活用しましょう。この表のチェック項目を順番にチェックしていき、すべての項目が○になる接着剤が候補となります。

絞り込んだ接着剤の管理上のポイントについては、**付録3**の〈接着剤の管理のポイントチェックリスト〉を活用しましょう。

(3) 特性因子の従属性と相反性を考えながら、どのような物性であればよいかの当たりをつける

先のスペックの、①ひずみ、②位置ずれ、③必要強度に対して必要な接着剤の特性を見ると、**表3.2.1**のようになります。

この結果から位置ずれと接着強度は、適切な物性の方向としては同じで、従属性があり、硬化収縮率と線膨張係数は小さい方がよいことがわかりますが、ひずみと位置ずれに対する物性の方向は逆になっており相反性が見られ、硬化後の弾性率とガラス転移温度 Tg は、ひずみの点では低い方がよいですが、位置ずれや接着強度の点では高い方がよいことがわかります。こうなると、使用温度範囲の全域において硬すぎもせず、軟らかすぎもしない弾性率のものが必要ということになります。

−20～90℃の範囲で弾性率が 10^8 Pa台を維持する接着剤が欲しいということになりますが、容易には見つかりません。接着剤の Tg は使用上限温度以上でなければならないと思っている方が多いようですが、弾性率は、Tg を境に急激に低下するということではなく、Tg よりかなり低い温度から徐々に低下していくものが多く、使用最高温度で必要な弾性率を維持しているもので、できるだけ Tg の低い接着剤を探せばよいでしょう。

このようにして、求める物性のおおまかな目途を決めましょう。

(4) 接着剤の種類の目途をつける

(3)と併せて、接着部の構造、接着のプロセス、必要な設備などをイメージしながら、どんな反応形態の接着剤が使えるのか、使えないのかを判断します。

表3.2.1　要求特性に対する必要な接着剤の特性と従属性・相反性

影響因子	要求特性				
	①ひずみ		②位置ずれ		③接着強度
1）硬化収縮率	小さい		−		−
2）硬化後の弾性率	低い	↔	高い	＝	高い
3）線膨張係数	小さい		−	＝	小さい
4）ガラス転移温度*Tg*	低い	↔	高い	＝	高い

例えば、湿気硬化型接着剤は使えるか、光硬化型接着剤は使えるか、加熱硬化型接着剤は使えるか、二液型は使えるか、両面テープは使えるか、などを判断するということです。この判断をするときには、**付録2**〈消去法による接着剤選定チェックリスト〉が役に立ちます。

また、接着部の構造や塗布位置、塗布形状などから接着剤に必要な性状も考える必要があります。例えば、接着剤の塗布位置（水平面/垂直面、面接着/嵌合接着/隅肉接着）、浸透性（欲しい/浸透は不可）、はみ出し部の形状制限、塗布方法（ノズル塗布/ピン転写/スクリーン印刷）などから適切な粘度（低粘度・高粘度・ペースト、流動性・チキソ性）の目安をつけます。

(5) 候補品の探索

ここまでで、やっぱり接着剤を選ぶのは難しいなと思われたかもしれませんが、ここまでできたら、候補となる接着剤メーカーや接着剤を探すことになります。これらの探索の方法としては、日頃から集めていたカタログや技術情報から選ぶのもよいでしょう。それと併せて、今の世の中、サイバー空間は接着剤に関する無数の情報が存在している宝の山なので、WEB検索を使わない手はないでしょう。

WEB検索では、いきなり必要な接着剤の物性や種類で検索するのではなく、部品や機器の用途での検索から始めるとよいです。

最初の段階で知りたいことは、類似用途で使用されている接着剤は、どんな会社が製造しているかです。

検索例を紹介します。

【検索例1】〈レンズ　低ひずみ　接着〉

「レンズ　低ひずみ　接着」をキーワードとして検索すると、次のようなものがヒットします。

◇iPROS：富士化学産業㈱、協立化学産業㈱、㈲グルーラボ、東亜合成㈱
◇製品ナビINCOM：レンズ接合用UV硬化接着剤　協立化学産業㈱
◇協立化学産業㈱：光学 / 機能性接着剤
◇THORLABS：UV硬化光学素子用接着剤　Norland社製光学接着剤
◇デクセリアルズ㈱
◇㈱スリーボンド
◇VIGOR SCIENCE：デンカ㈱　ハードロックOP/UV
◇デンカ㈱：ハードロック
◇セメダイン㈱：1565 技術資料
◇味の素ファインテクノ㈱：「プレーンセット」低温硬化タイプ
◇PR Times：パナソニック電工㈱　光学部品用UV硬化樹脂CV7500シリーズ
◇Loctite：光硬化型接着剤
◇室町ケミカル㈱：Norland社製光学接着剤

【検索例2】〈モーター　磁石　接着〉

◇ネオマグ㈱：磁石ナビ　代表的な接着剤　ロックタイト、セメダイン、ハードロック
◇Henkel社：モーター　ロックタイト（LOCTITE）®
◇㈱スリーボンド：スリーボンド・テクニカルニュース　加熱硬化型膨張接着シート
◇モノタロー：マグネット用接着剤各種
◇㈱アルテコ
◇3M：スコッチ・ウェルド™ 構造用1液エポキシ接着剤 EW2036　常温で空輸可能
◇FineSencing：パーマボンド製 構造用アクリル接着剤
◇ナガセエレックス㈱

◇味の素ファインテクノ㈱：「プレーンセット」高信頼性タイプ
◇iPROS：エポキシ接着剤―企業16社の製品一覧とランキング
◇ニッカン工業㈱：発泡接着剤シート　低温硬化接着シート
◇ソマール㈱：HEV・EVモーター用　小型モーター用　エピフォーム

【検索例3】〈アウトガス　接着剤〉

◇㈱サンエイテック：接着剤 低アウトガス
https://www.san-ei-tech.co.jp/
◇東洋モートン㈱：アウトガス抑制接着剤 工業用接着剤 製品情報
www.toyomorton.co.jp/ja/products/industrial-adhesive/outgas-suppression.html
◇㈱スリーボンド：低アウトガス　製品情報
https://www.threebond.co.jp/ja/product/capability/low-outgassing.html
◇通販モノタロウ：接着剤 "低アウトガス" 接着剤・補修材…
https://www.monotaro.com/s/c-21777/q-%E4%BD%8E%E3%82%A2%E3%82%A6%E3%83%88%E3%82%AC%E3%82%B9/
◇㈱ダイゾー：航空宇宙用接着剤 宇宙プログラム用低アウトガス接着剤
https://premium.ipros.jp/daizo/product/detail/2000238117
◇テクノアルファ㈱：熱可塑性接着剤
https://www.technoalpha.co.jp/products/board/staystik.html
◇㈱スリーボンド：HDD用シール・接着剤の開発
http://www.threebond.co.jp/ja/technical/technicalnews/pdf/tech57.pdf
◇イプロスものづくり：低アウトガス接着剤 サンスター技研㈱…
https://www.ipros.jp/product/detail/2000404377
◇3M：低アウトガス接着剤転写テープ ATX204SF…
https://www.3mcompany.jp/3M/ja_JP/p/d/v000456613
◇Momentive：低アウトガスシリコーン RTV
https://www.momentive.com/ja-jp/industries/aerospace/low-

outgassing-materials
◇ナガセケムテックス㈱：デナタイト（一液エポキシ接着剤）製品・技術情報
https://www.nagasechemtex.co.jp/products/function_chemistry/one_epoxy.html
◇ナガセエレックス㈱：接着剤　製品紹介
https://www.nagase-elex.co.jp/category/adhesives
◇サンスター技研㈱：電気・電子用接着剤
https://www.sunstar-engineering.com/ja/electronic
◇EMI（Sunstar Engineering）：紫外線硬化型接着剤 U-VIX製品
https://www.u-vix.com/product/?product＝212
◇デクセリアルズ㈱：低アウトガス両面粘着テープ
https://www.dexerials.jp/products/double-coated-tape/t4411.html
◇デクセリアルズ㈱：熱硬化型接着剤の５つの課題とそのソリューション
https://techtimes.dexerials.jp/bonding/thermosetting-adhesive-and-its-solution/
◇ケミテック㈱：低アウトガス　機能別・樹脂特性別　製品検索
www.chemitech.co.jp/product/result/function/3
◇㈱理経：EPO-TEK（熱伝導性）Epoxy Technology、Inc.
https://www.rikei.co.jp/product/596
◇㈱理経：難燃性・低黄変エポキシ接着剤　Epoxies Etc.
https://www.rikei.co.jp/product/666
◇㈱イナバ産業：イナボンド 製品紹介
www.inaba-sangyo.co.jp/ina_bond.html
◇積水化学工業㈱：UV遅延硬化、低温硬化、低透湿を特徴とする接着剤（フォト…
https://www.sekisui-fc.com/ja/resin/u15.html
◇㈱エス・エス・アイ：アレムコ 高真空用エポキシ接着剤
www.ssi-jpn.com/product/product_4.html
◇LOCTITE：二液タイプエポキシ接着剤　LOCTITE TRA-BOND

www.epoxyadhesive.jp

◇ニチアス㈱：伝熱性接着剤
https://www.nichias.co.jp/research/technique/pdf/350/0717_03.pdf

◇MASTERBOND：エポキシ樹脂接着剤―EP21TCHT―1 ―Master Bond―金属用…
https://www.directindustry.com/ja/prod/master-bond/product-17407-452093.html

◇ニホンハンダ㈱：エポキシ系ニッケルペースト ECA202
https://www.nihonhanda.com/pg331.html

◇田岡化学工業㈱：開発品紹介　研究開発
https://www.taoka-chem.co.jp/development/products.html

◇横浜ゴム㈱：熱伝導性接着剤 横浜ゴム／MB（工業・航空部品）情報
https://www.y-yokohama.com/product/mb/hamatite/seal_heat

◇プリズム　室町ケミカル㈱：製品詳細　製品・サービスを検索するサービス―…
https://www.prism.co.jp/item/10049216

◇アイカ工業㈱：商品ニュース
www.aica.co.jp/news/products/2016/03/post-57.php

◇㈱理経：『Epoxy Technology 極低温環境用途エポキシ接着剤』製品…
https://premium.ipros.jp/rikei/catalog/detail/435454

◇太陽金網㈱：耐熱補修剤「Durabond」「Thermeez」など　製品情報
https://www.twc-net.co.jp/products/DurabondSeries.html

検索で見つかったメーカーの中には、世界的定番接着剤を製造・販売する企業もしっかり含まれています。

次に、得られた情報から該当メーカーのホームページに移って、用途別ページを見ましょう。いきなり成分別や品種別ページを見るよりも、用途別ページを見る方が類似用途に行き着きやすいです。

用途別ページの例としては、

○自動車関係：過酷な使用環境に耐えるため、要求が厳しい電装品など電気・電子機器関係も多く掲載

○電気・電子・精密機器関係：高機能接着剤が多く掲載

○医療用機器関係：耐オートクレーブ性、安全性・高純度、低アウトガスなど特殊条件の接着剤も多く掲載

○建材関係

などがあります。

類似用途でどんな接着剤が使われているか、選定候補になるかを知ることができます。また、あなたが対象としている部品や機器と類似や関連する部品・製品であれば、接着剤に要求されている機能や特性を推察することもできるでしょう。

接着剤メーカーのホームページには、接着の原理や接着剤についての解説、自社接着剤のアピールポイントなど、多くの有益な情報も掲載されています。用途別ページで類似用途で使用されている接着剤がわかったら、その接着剤の特性一覧表を閲覧し、カタログや技術資料をダウンロードしましょう。各社のホームページを見た後に候補品を予備選定します。

(6) カタログや技術資料のチェック

予備選定した候補品についてデータをチェックしますが、掲載されているデータには幅があることを考慮しなければなりません。したがって、いくつかのカタログデータを比較する場合は、書かれた値ではなく、値のオーダーの比較程度にとどめるのがよいでしょう。

知りたいデータがカタログに掲載されていない場合は、品名や品番で直接検索してみてください。定番商品や有名商品は多くの分野で使用されており、各種の文献にも掲載されているので、新たな情報が得られることも多々ありま

す。

表3.2.2に接着剤のカタログデータを見るときの注意点を、**表3.2.3**に粘着テープのカタログデータを見るときの注意点をまとめました。

(7) 1次選定品の使用・管理上のポイントをチェックする

ここまでで候補品の1次選定ができたら、**付録3**の〈接着剤の選定・管理のポイントチェックリスト〉を活用して1次選定品を絞り込みます。

(8) メーカーへの問い合わせ

次は、ここまでに絞り込んだ接着剤のメーカー（または輸入代理店）に問い合わせ、打ち合わせを行います。

問い合わせ、打ち合わせでは次のような内容を確認や依頼します。

①必要な特性と物性値を示し、候補品を推薦してもらいます。このとき、部品レベルでの要求機能・条件を提示しても伝わりにくいため、必要な接着剤の機能と物性を示します。また、オーバースペックとなるような過剰な要求（ない物ねだり）はしない方が得策です。

②カタログ非掲載品の情報や他社情報、実績、購入条件や価格情報、類似用途での諸情報も集めましょう。

③事前調査での不明点の確認やデータ提出を依頼します。

④サンプルを依頼します。

⑤メーカーは欠点をあまり言いませんが、〈欠点が不良の元〉となることは非常に多いので、欠点を十分に聞き出すことも大切です。

なお、接着剤メーカーを開発のパートナーと位置づけて、真摯な付き合いをすることは非常に効果的である反面、高圧的な態度を示すことは禁物です。最初から日常コンタクトのある商社や接着剤メーカーに聞くのは簡単ですが、自社商品や担当商品の中からしか候補品を紹介してくれないことが多く、泥沼に陥ることも多いので注意しましょう。

(9) サンプル品での評価

サンプル品を入手したら、簡単な実験で評価します。評価は要求特性で最も重要な因子から着手します。

(10) メーカーとの再打ち合わせ

評価が終わったら再度メーカーと打ち合わせを行い、不足している特性を説

表3.2.2　接着剤のカタログを見る際の着目点と考慮すべきこと

項　目	着目点	考慮すべきこと
強度・機械的特性	◆せん断強度以外に、はく離強度も重要	◆硬い接着剤ほどせん断、引張り強度は高くなるが、はく離・衝撃強度は低下する
	◆強度の値は目安程度に考える	◆せん断強度は被着材の強度が強いほど高くなる。一般に、金属では高く、プラスチックでは低くなる ◆はく離強度は、試験方法・試験片の条件で大きく異なるので注意
	◆破壊状態は重要な判定ポイント	◆凝集破壊率が高いことは選定の最重要ポイントである ◆ただし、被着材の材質、表面処理によって変化するので要注意 ◆材料破壊は最良と考えてはいけない。接着部の良否は不明である
	◆硬化物の弾性率、硬度	◆これらの数値は被着材料の材質・厚さ、表面処理などに無関係で、メーカー、品種が異なっても比較できる ◆応力解析を行う場合にも必要なデータである
	◆硬化物の伸び	◆接着剤の破断伸び率が高いことは重要。しかし、記載されているものは多くない
熱的特性	◆接着強度（せん断、はく離）の温度依存性	◆接着部の使用温度範囲（低温～室温～高温）での接着強度を確認すること
	◆硬化物のガラス転移温度*Tg*	◆抑えるべき物性値として重要。せん断強度は*Tg*以上では大きく低下する。はく離強度は*Tg*付近で最高となる ◆*Tg*は測定方法や求め方で数十℃変わることもあるので、比較の際は要注意
	◆弾性率の温度依存性	◆DMAなどの粘弾性特性の温度依存性データは必要。応力解析でも必要となる ◆カタログにはほとんど記載されていないが、メーカーに要求すること
	◆線膨張係数	◆*Tg*を境に変化する。測定の温度範囲を確認すること ◆異種材接着では重要な物性である。応力解析でも必要
硬化特性	◆接着剤の組成	◆カタログにはエポキシ樹脂系などとしか書かれておらず、接着剤の成分はほとんど分からない ◆エポキシ系といっても種々の樹脂やエラストマー、充填剤が添加されており、特性は広範囲に変化する。硬化剤の種類によっても特性は大きく変化する
	◆硬化の機構	◆カタログに当然書くべき事項であるが、きちんと記載されているものは非常に少ない ◆硬化の機構はプロセス、設備、作業環境などに大きく影響するため、きわめて重要。メーカーに確認すること
	◆配合比と強度の関係	◆カタログには標準配合比は記載されているが、配合比の許容範囲はほとんど記載されていない ◆配合比と強度の関係のデータは、最適配合比と配合比の許容範囲の決定に重要なデータである ◆重量比か体積比かを確認する。比重も確認する
	◆混合後の発熱曲線	◆DSC（示差熱分析）の発熱曲線などのデータが記載されているカタログは少ないが、可使時間、硬化温度・時間を決める重要なデータである
	◆硬化収縮率	◆内部応力に影響するので、精密接着や意匠性接着では重要

表3.2.3　粘着テープのカタログを見る際の着目点と考慮すべきこと

項　目	着目点	考慮すべきこと
強度・機械的特性	◆はく離強度以外に、保持力も重要	◆粘着層が軟らかいほどはく離強度は高くなるが、クリープに弱くなるため、せん断保持力は低下する ◆部品固定で重要な特性は、はく離強度ではなく、耐クリープ性とせん断保持力である
	◆強度の値は目安程度に考える	◆はく離強度は試験方法・試験片の条件で大きく異なるので注意
	◆引張り速度を確認する	◆引張り速度が速いほど高い強度を示す ◆部品固定は極低速での負荷状態であるため、破壊強度はカタログ強度よりかなり低くなる。接着強度の速度依存性のデータが欲しい
	◆基材の種類	◆粘着層には不織布やフィルムなどの基材があるものとないものがある。ある場合は基材の種類を確認する。水を吸いやすい基材では耐水性が低下しやすい
熱的特性	◆接着強度の温度依存性	◆粘着剤は一般に高温で軟らかくなるため、接着部の使用温度範囲（低温～室温～高温）での接着強度を確認すること ◆低温では硬くなり、強度が低下することもある
作業性	◆タック性	◆低温では粘着剤が硬くなり、タック性（被着材への付着性）が低下することがある。作業環境の最低温度でのタック性を確認しておくこと ◆板金部品などでは脱脂を行っても完全に油分は除去できない。わずかな油分でタック性が得られなくなったり接着強度が低下することもあるので表面清浄度の影響も知りたいが、カタログにはほとんど記載はない。メーカーに確認すること

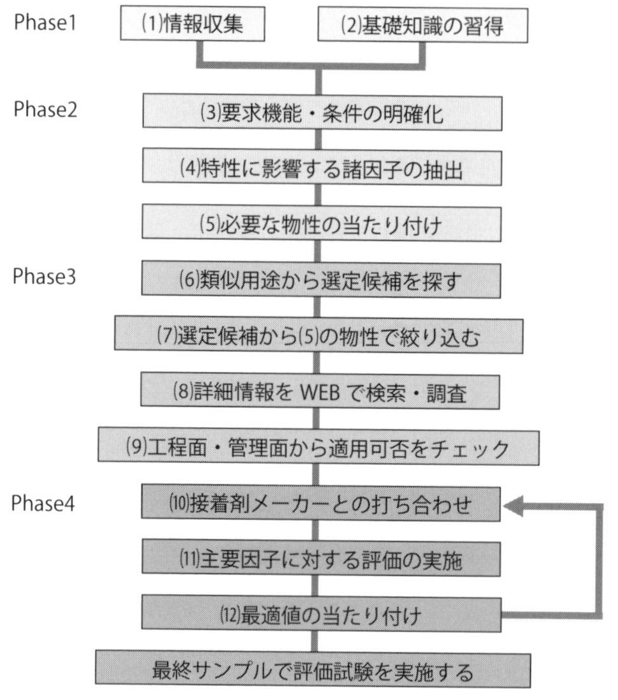

図3.2.2　接着剤ユーザー視点からの“新しい”接着剤の選び方フローチャート

明して代替品や改良の依頼をします。

(11) 接着剤選定フローチャート

図3.2.2に選定のフローチャートをまとめました。

参　考　文　献（第3章）

1）日本接着学会編：「プロをめざす人のための接着技術読本」、日刊工業新聞社、2009年、p.26
2）三刀基郷著：「接着の基礎と理論」、日刊工業新聞社、2012年、p.80

第4章

高信頼性・高品質接着のための目標値と簡易設計法

4.1 開発段階での作り込みの目標値

4.1.1 高信頼性・高品質接着とは

「高信頼性・高品質接着」という言葉は、あまり聞かれたことがないかもしれません。そこでまず、「高信頼性・高品質接着」とは何かを説明しましょう。

一般に、①接着強度などの接着特性が高く、②耐久性にも優れていれば良い接着ができている、と考えられがちですが、それらがどんなに優れていても、それだけでは「高信頼性・高品質接着」ができているとは言えません。それに、③接着特性（強度など）のばらつきが小さい、④不良率が低い（信頼性が高い）、ということが必須の条件となります。この4つの条件を満たすだけなら、コストと手間をかければ達成することは可能です。しかし、通常は生産性やコストが常に追求されるので、⑤生産性、コストに優れている、という条件も満たさなければなりません。

上記の5つの条件をすべて兼ね備えた接着を、「高信頼性・高品質接着」と呼んでいます。この中で特に重要なのは、「ばらつきが小さい」ことと「不良率が低い」ことです。

4.1.2 開発段階での作り込みの目標値

「高信頼性・高品質接着」を行うためには、開発の最初の段階で達成しなければならない「作り込みの基本条件」があります。その基本条件と作り込みの目標値について説明します。

(1) 接着部の破壊状態―凝集破壊率を40％以上確保する―

(1-1) 接着の破壊箇所

図4.1.1は、2種類の被着材料を接着剤で接着したものの断面の模式図です。このように接着されたものに外力を加えると、どこかが壊れます。

①一つは接着剤の内部で破壊する場合があります。接着剤の内部で破壊する

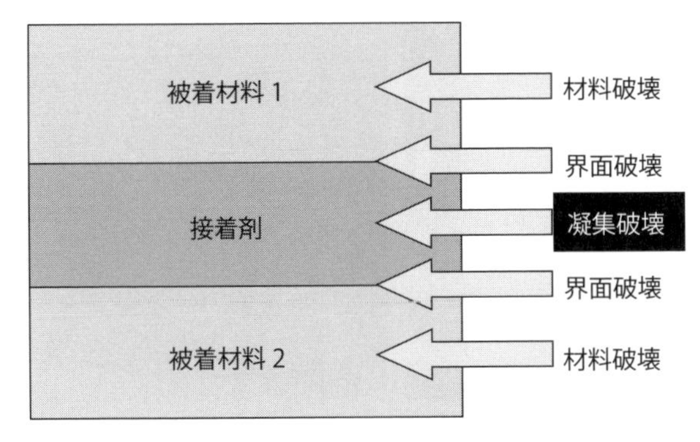

図4.1.1　接着部における破壊の箇所

破壊の状態を「凝集破壊」と呼んでいます。凝集破壊は、接着層の厚さの中ほどで壊れる場合や、被着材との結合界面に近い場所で起こる場合がありますが、どちらも「凝集破壊」です。

②次の破壊は、接着剤と被着材料が結合している部分、ここを「界面」と言いますが、この界面で破壊する場合があります。界面で破壊する破壊の状態を「界面破壊」と呼んでいます。実際の破壊状態で最も多く見られる破壊の状態です。

③もう一つの破壊は、接着部が強くて被着材料自体が弱い場合には、被着材料自体が先に壊れることになります。被着材自体が破壊する形態を「材料破壊」と呼んでいます。実際の製品では材料破壊が起こることは多々ありますが、接着部の評価を行うには不都合です。接着特性の評価を行う試験体では、材料を補強するなどして材料破壊を避ける必要があります。

これらの破壊状態で最も信頼性に優れているのは、接着剤の内部で破壊する「凝集破壊」です。最も多く見られる「界面破壊」は、信頼性的には不適な破壊ということができます。

図4.1.2の写真は、「凝集破壊」と「界面破壊」の一例です。鋼の角パイプと鋼板を、SGAとも呼ばれている二液型アクリル系接着剤で接着硬化した後に、鋼板を引き剥がした後の状態です。左右で表面処理を変えています。

左の写真で白く見えているのは接着剤です。接着部全面にわたって両面とも白いということは、全面で接着剤の内部で壊れている、すなわち、「凝集破壊」

(A) 凝集破壊

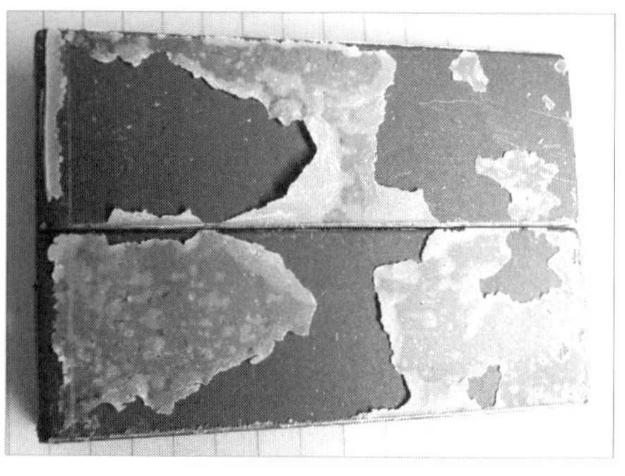
(B) 界面破壊

図4.1.2 凝集破壊と界面破壊の例（軟鋼同士、接着剤：SGA）

している状態です。右の写真では、濃いグレーに見えている部分は鋼の表面です。薄色に見えている膜状の部分は接着剤です。接着面の全面にわたって、いずれかの界面で剥がれているのがわかります。すなわち「界面破壊」です。

(1-2) 凝集破壊率

これらの写真では、接着面の全面が凝集破壊または界面破壊していますが、実際には凝集破壊と界面破壊が混合して起こる場合が一般的です。そこで凝集破壊の程度を、接着面積全体の中で凝集破壊になっている部分の割合で表示し、これを「凝集破壊率」と言います。凝集破壊は良い破壊状態、界面破壊は不適な破壊状態なので、凝集破壊率は高いほど信頼性の高い接着ができていると言えます。

では、「凝集破壊率」は、どのくらいあればよいのでしょうか。理想的には100%（全面）が最良ですが、筆者の経験からすれば、再現性をもって40%以上確保されていれば高信頼性接着ができていると考えることができます。「再現性をもって」というのは、通常起こり得る変動、例えば接着剤や被着材のロットが変わった、季節や天候、時刻によって起こる温度や湿度の変化、作業者が変わるなどがあっても、ということです。

なお、接着は接合の目的以外にも、液体や気体を通さなくするシールにも使われます。シール性が要求される場合は、図4.1.2の右の写真のように、一端から他端までつながるような大きな界面破壊はよくありません。界面破壊の大きさにも注意が必要です。

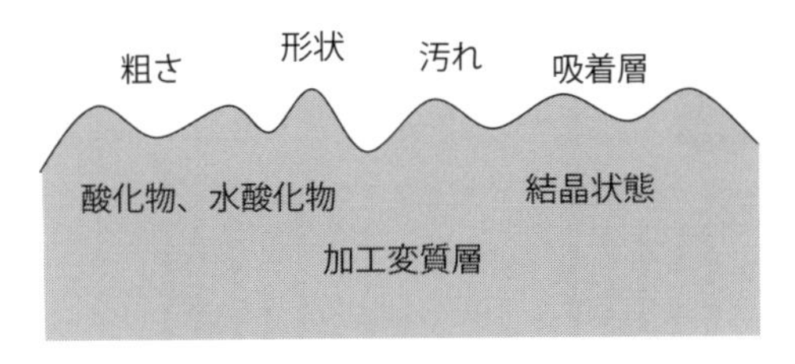

図4.1.3　金属の表面付近の模式図

(1-3) 界面破壊が良くない理由

ここまでに、「凝集破壊」は良い破壊、「界面破壊」は不適な破壊と言ってきましたが、その理由を説明します。

図4.1.3は、空気中で加工された金属の表面付近の拡大の模式図です。金属を空気中で加工すると、表面にはすぐに酸化膜や水酸化膜などが自然に生成してしまいます。自然に生成した膜は一般に弱かったり脆かったりして接着の支障となります。また、図面に書いてある公差内で粗さを加工したとしても、凹凸の形状や粗さを細かく見ると、10個中10個とも同じということはありません。凹凸の形状や粗さが変われば、接着性が変わります。さらに、空気中に放置しておくと、空気中のガスや水分が吸着したり種々の汚れが付着したりします。

これらの因子が変化すると、接着に重要な「表面自由エネルギー」(別名「表面張力」とも言います) がさまざまに変わり、接着性は変化します。これらの因子を常に同じ状態にコントロールすれば、ばらつきを抑えることはできますがコントロールするのは非常に困難で、相当なコストがかかってしまいます。ですから、一般的には界面は「ばらつきの要因」が非常に多く、界面破壊をすると接着強度のばらつきが大きくなるのです。

(1-4) 凝集破壊が良い理由

界面での接着性を強化することができれば、破壊の場所は接着剤に移ります。

接着剤の内部で破壊する「凝集破壊」の場合は、基本的に接着剤の物性だけで強度が決まるので接着強度のばらつきが小さくなります。

(1-5) 凝集破壊率が40%以上あれば良い理由

(1-2) で、凝集破壊率が40%以上確保できていれば信頼性の高い接着がで

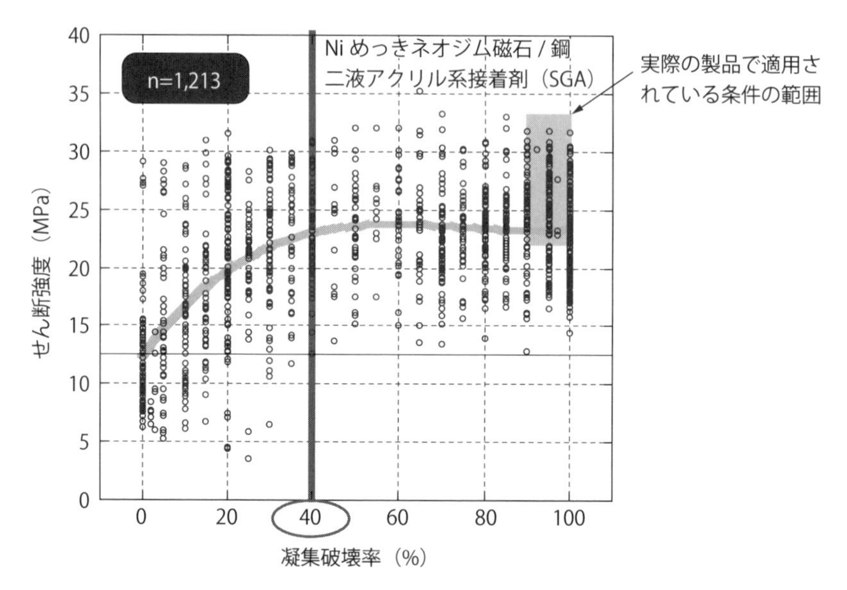

図4.1.4　接着条件を最適から不適切まで幅広く振った試験での破断強度と凝集破壊率の関係

きていると考えてよい、と言いましたが、この根拠を説明します。

図4.1.4は、1,213個のサンプルについて強度測定を行い、破断強度と凝集破壊率の関係をプロットしたものです。図中の丸印が1個1個のデータで、1,213個がプロットされています。サンプルはNiめっきされたネオジム磁石と鋼を二液アクリル系接着剤（SGA）で接着したもので、接着条件を最適な条件から不適切な条件まで幅広く振った実験であるため、全体のデータのばらつきは大きくなっています。

平均値の変化を見ると、凝集破壊率が100％から40%くらいまではあまり変わらず、40%以下になると低下しています。しかし、信頼性を考えるときには、平均値はほとんど意味をなしません。では、どこで見るかと言えば、不良につながるものは強度が低いものなので、最低強度品のデータを見ます。最低強度を見ると、凝集破壊率が100%から40％までは特に低強度のものは発生していませんが、凝集破壊率が40%以下になると急に強度の低いものが発生してきます。凝集破壊率0%、すなわち界面破壊率100%では丸印が低強度側に集まっているのがわかります。

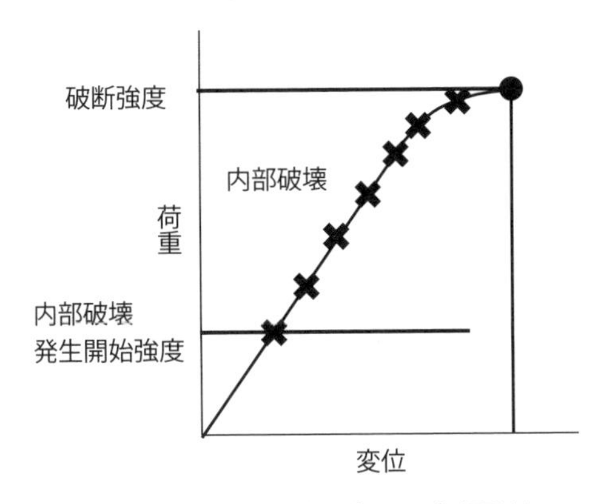

図4.1.5　破断以前に生じる内部破壊

このデータでも、凝集破壊率が40％以上あれば低強度のものは発生しにくいことがわかります。しかし、接着剤や被着材が変わった場合でも、常に40％なのかという疑問が生じることと思います。このようなデータは、新しい接着工程や接着ラインを作るときに、各工程ごとに最適値と許容範囲を決めるためになされたデータを集めたもので、新しい工程ができるたびにデータがとられています。筆者が関係したそれらのデータを並べてみても、40％以上あれば強度の低いものは現れにくいという結果になっており、凝集破壊率40％以上というのを基準としています。ただ、40％以上というのは最低限の条件と考えるべきで、実際の運用・管理においては70％以上などと規定される場合も多くあります。

でも、次のような質問をされる方もおられるのではないでしょうか。

「当社の製品では、1 MPa以下の応力しか加わりません。図4.1.4の結果では界面破壊率100％でも最低強度品の強度は3 MPa程度あり、必要な強度の何倍もの値を示しているので問題はないですね？」

そう聞かれると、「絶対駄目です」とは答えにくいですが、答えは絶対駄目なのです。

その理由を次に説明します。

(1-6) 内部破壊の発生

図4.1.5は、接着したものに徐々に荷重を負荷していったときの、破断するまでの荷重と変位の関係を示したものです。

一般に、破断時の荷重値や最大荷重値をもって「接着強度」と表されています。でも、これは正しくありません。正しくは、「破断強度」や「最大強度」と表記すべきです。では、接着強度というのは何なのでしょうか。

接着体に徐々に荷重を加えていくと、外部からは見えませんが接着部の内部では、図に示した×印のように「内部破壊」が繰り返し発生しています。この内部破壊がある程度蓄積すると、耐えきれなくなって破断するということです。破断する少し前にピシッとかビシッとか小さな音が聞こえて、そろそろ壊れるなと感じたことがあると思いますが、これが内部破壊です。そうすると、真の接着強度というのは、接着部が内部破壊を起こさない最大の強度と考えるべきではないでしょうか。

ここでは、最初に内部破壊が生じる荷重を「内部破壊発生開始強度」と示しています。

先ほどの「界面破壊率100%でも、最低強度品の強度は必要な強度の何倍もの値を示しているので問題はないですね？」という質問を考えると、内部破壊が要求強度よりも低い荷重で生じる場合は、何回か荷重が加われば壊れる可能性もあり、不適ということがわかります。

では、内部破壊はどのくらいの荷重で生じるのでしょうか。

内部で小さな破壊が生じたら音や光や熱などが発生するので、これらを計測すればよいのですが、計測は容易ではないため、ほとんど研究がなされていない状況です。筆者は、Acoustic Emission（AE）という音を拾うセンサーを接着部に取り付けて計測しました。Acousticは音、Emissionは発生の意味です。

表4.1.1は、ステンレス板同士を軟らかい二液アクリル系接着剤（SGA）で接着したもので、引張りせん断試験を行ったときのAEの測定結果です。ステンレス板の表面処理を変えて、凝集破壊するものと界面破壊するものをそれぞれ3個ずつ作って計測しています。表中の「AE発生開始荷重比」は、最初の内部破壊が破断荷重の何%で生じたかを示しています。

この結果から界面破壊する場合には、3個中の2個は、なんと破断荷重の10%以下の荷重が負荷されただけで内部破壊が発生しています。一方、凝集破壊の場合は3個中最も悪いものでも、破断荷重の半分の荷重が加わって初めて内部破壊が生じています。表の右欄の回数は、破断までに発生した大きな内部

表4.1.1　二液アクリル系接着剤で接着したステンレス板の引張りせん断試験のAE測定例

破壊状態	サンプル	AE発生開始荷重比	破断までのAE発生回数
界面破壊	1	7%	25回
	2	8%	17回
	3	31%	117回
	平均	15%	53回
凝集破壊	1	51%	19回
	2	76%	11回
	3	100%	1回
	平均	76%	10回

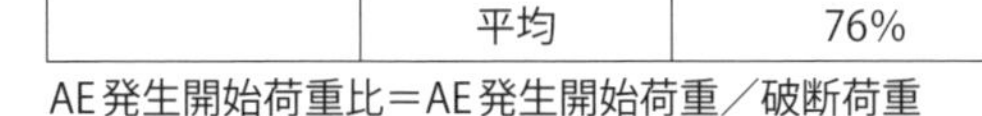
AE発生開始荷重比＝AE発生開始荷重／破断荷重

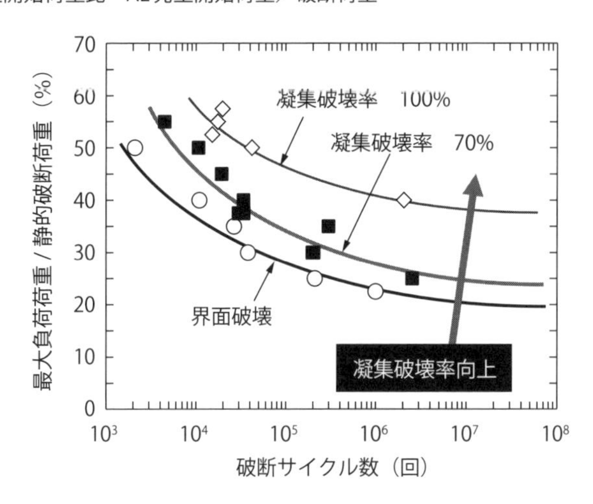

図4.1.6　凝集破壊率の向上に伴う繰返し疲労特性の向上例

破壊の回数です。界面破壊は頻繁に内部破壊が生じていることがわかります。この結果から、界面破壊する場合の接着部の信頼性は、凝集破壊する場合に比べて非常に低いと言えます。

(1-7) 凝集破壊率の向上による接着特性の向上の例

図4.1.6は、表4.1.1で示したAEを測定したものと同じ試験片を用いた繰返し疲労特性の結果を示したものです。ステンレス鋼板の表面処理を変えて、界面破壊するもの、凝集破壊率を70%にしたもの、凝集破壊率を100%にしたものの比較です。横軸には破断するまでの繰返し回数を、縦軸にはサイン波で負

荷した繰返し荷重の静的な引張りせん断試験での破断荷重に対する割合をとっています。この結果より、凝集破壊率が上がるほど疲労特性が優れていることがわかります。縦軸の10%は界面破壊の場合にAEが発生し始める荷重になります。

この図は外力の繰返しによる疲労特性ですが、接着の嫌な課題として、高温と低温を繰り返すヒートサイクルやヒートショックによる劣化があります。これらの温度変化による劣化は、環境劣化と考えられがちですが、接着剤と被着材の線膨張係数の違いで生じる熱応力による力学的劣化です。したがって、外力の疲労と同じように考えることができます。すなわち、ヒートサイクル性やヒートショック性を向上させたければ凝集破壊率を高くすることが必要になるわけです。

(2) 接着強度のばらつき—変動係数を0.10以下にする—

(2-1) 変動係数と必要値

高信頼性・高品質接着の作り込みの基本条件のもう一つは、接着強度のばらつきの表し方とその値です。

一般に、ばらつきの程度を表す指標としては「標準偏差σ」が用いられます。標準偏差が大きいほどばらつきが大きいということですが、平均値がほぼ同じものを比較する場合にはそれでよいのですが、平均値が異なるものの比較では標準偏差の大小だけでは比較が困難です。

そこで、接着強度のばらつきを表す指標として「変動係数Cv」を用います。

$$変動係数 Cv = 標準偏差\sigma／平均値\mu$$

で、変動係数が小さいほどばらつきが小さいと言えます。

では、高信頼性・高品質接着というためには、変動係数はどのくらい小さければよいのでしょうか。結論を言えば、「変動係数は、0.10以下であることが必要」です。

(2-2) 接着強度のばらつきと変動係数のイメージ

変動係数Cvは0.10以下にすることが必要だと述べましたが、変動係数が0.10とはどのくらいのばらつきなのかをすぐにイメージできる人は少ないと思います。

図4.1.7は、変動係数Cvとばらつきの大きさをイメージしやすくするために

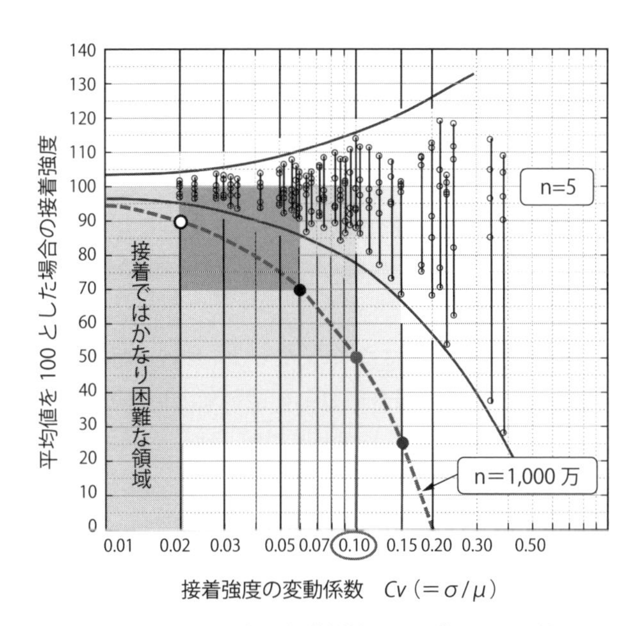

図4.1.7　接着強度の変動係数Cvとばらつきの範囲

作成したものです。横軸に変動係数を、縦軸には平均強度を100％としたときの接着強度を比率で示しています。

この図の中の○と線で範囲を示した$n=5$のデータを見ると、変動係数が大きくなるほどデータの範囲が広くなり、だいたい実線の曲線の範囲に入っています。変動係数が0.10の場合は、おおよそ平均値に対して±20％くらいの範囲のデータが多く出ることがわかります。

データのばらつきの範囲は、サンプル数nが増えると高い強度や低い強度のものも出やすくなるため、実線の曲線は上下に広がっていきます。では、サンプル数が増えるとばらつきはどんどん大きくなるかというと、そうでもありません。図中の破線は、1,000万個のサンプルを破壊したときの下から3番目に低いものの強度です。この破線を見ると、変動係数が0.10の場合は、下から3番目に低いものの強度は平均値の50％であることがわかります。

(2-3) 必要な変動係数は要求される信頼度によって異なる

ここまでに、変動係数Cvは0.10以下にすることが必要と言ってきましたが、変動係数をいくらにする必要があるかは、要求される信頼度によって変化します。

10年以上前頃は、変動係数は0.15以下で良しとされていました。すなわち、1,000万個の場合、下から3個目の強度は平均値の25％でよかったのです。しかし、現在では、すでに変動係数が0.06を要求されるものもあります。例えば、自動車に搭載される電子・精密機器での接着などです。変動係数0.06の場合は、1,000万個の下から3番目のものでも平均値の70％の強度が必要ということです。

なぜ1,000万個の最低強度ではなく下から3番目の強度かというと、これは、工程能力指数*Cp*が1.67の場合の良品の最低値ということです。工程能力指数については、**4.2.5項（1-2）**で詳しく説明します。

(2-4) 変動係数と凝集破壊率の相関

先に、凝集破壊率が高いほど信頼性に優れることを示しましたが、一般に、凝集破壊率が高ければ変動係数は小さくなるという相関関係があります。

一方、界面破壊する場合には凝集破壊率は低くなり、接着強度のばらつきが大きくなるため、変動係数は0.2以上になる場合も多く見られます。変動係数が0.2以上にもなると、統計的処理を行ってもマイナスが出るほどの大きなばらつきとなり、「信頼性」を論じる状態ではなくなります。まずは、変動係数が0.10以下になるまで作り込みを行うことが最低限必要です。

図4.1.8は、接着強度と凝集破壊率の度数分布と変動係数*Cv*の比較例です。一液加熱硬化型エポキシ系接着剤と二液室温硬化型アクリル系接着剤（SGA）の2種類の接着剤で、Niめっきされたネオジム磁石と鋼のブロックを接着し、せん断試験を行ったものです。

左の図は、破断強度の度数分布を示しています。この結果から、二液室温硬化型アクリル系接着剤（SGA）はばらつきが小さく、一液加熱硬化型エポキシ系接着剤はばらつきが大きいことがわかります。変動係数を計算すると、ばらつきが小さい接着剤では0.03で、先に述べた最低限必要な0.10に比べてはるかに小さいです。一方、ばらつきが大きい接着剤では0.19で、界面破壊の場合は0.2を超える場合も多いといった0.20に近くなっています。

右の図は、左の図の横軸を凝集破壊率に置き換えたものです。二種類の接着剤ではっきりと分かれています。変動係数が小さかった接着剤の凝集破壊率は

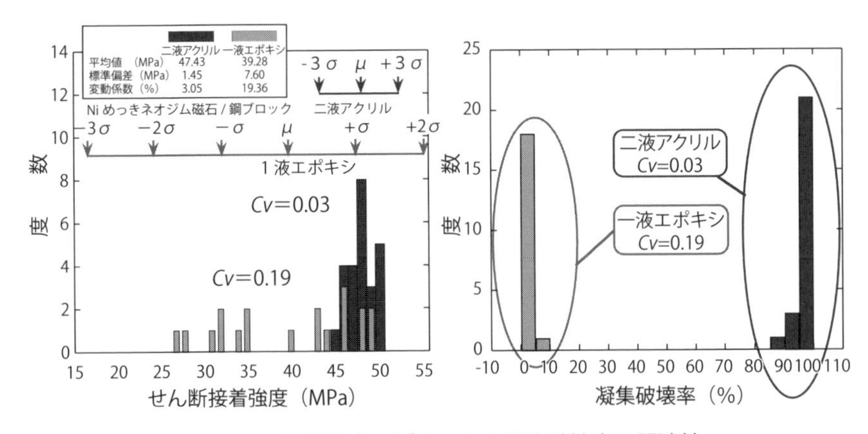

図4.1.8　接着強度のばらつきと凝集破壊率の関連性

ほぼ100%、変動係数が大きかった接着剤の凝集破壊率はほぼ0%（界面破壊率がほぼ100%）となっています。この結果から、一般に、凝集破壊率が高くなれば変動係数Cvは小さくなることがわかります。

(3) 接着面の表面張力を高くする

2.2.2項の(4)で述べたように筆者の経験則ですが、被着材料の表面張力が36 mN/m以上になれば接着して問題のないレベル、38 mN/m以上あれば十分な性能が出るレベルとなります。この数字は、濡れ張力試験液を用いて微量の液滴を落として液の広がり方で判断する滴下法によるもので、ダイン液と呼ばれるフェルトペンのようなもので接着面に線を引いて液のはじきを見る方法の場合は、滴下法より4～5 mN/mほど高い数字となります。

被着材料の表面張力が上記の値に及ばない場合は非常に多く、そのときは表面改質などを行って表面張力を高くすることが、凝集破壊にする重要なプロセスとなります。

(4) 必要な平均破断強度を確保する

接着部の初期の平均破断強度がどのくらいあれば、製品の耐用年数まで多くの不良を出さずに済むのかは最も知りたいところです。初期の必要な破断強度の平均値が接着部に加わる最大の力の何倍以上あればよいかは、**4.2節**で述べる筆者が開発した「Cv接着設計法」を用いて簡易に見積もることができます。この方法で必要強度を見積もり、適切な設計をすることが重要です。

4.2 設計許容強度、初期の必要破断強度、必要*Cv*値を簡易に見積もる「*Cv*接着設計法」

「*Cv*接着設計法」の計算アプリは、

https://www.haraga-secchaku.info/cvdesign/

からダウンロードできます。ぜひご活用ください。

4.2.1 設計基準、設計指針の必要性と*Cv*接着設計法

製品の組立に接着を使いたいと思って、設計基準や設計指針なるものを探してみても見つからない、接着剤メーカーに問い合わせても使用できるかどうかの明確な回答は得られない、結局は接着の採用をあきらめざるを得ないという経験をされた方は多いと思います。この点から、接着はボルト・ナットや溶接のように「工業的に汎用的な接合方法」とはなり得ていないと言わざるを得ません。

では、各種の構造体で接着が高度に利用され、実績も得られているものはどうやって達成されているのかというと、適用までには多大な研究開発や検証試験がなされてようやっと採用されているのです。これには十分な開発期間と開発リソースが必要なため、接着の採用によって大きな効果が得られる場合にしか採用は困難とも言えます。

しかし、いつでも十分な開発リソースと開発期間があるという恵まれた環境はほとんどありません。そうであれば、部品や機器の基本設計に際して、接着を使いたいと思ったときに接着が採用できるかどうかを簡単に（評価試験なしで）見極めなければなりません。もし、接着では強度が足らないとの見積もりになったら、早急に他の接合法の検討に移ることができます。

そこで、詳細な接着データを取る前に、多くの場合には何の評価試験も行わない段階で接着が適用できそうかどうかを簡易に見積もって見極めるために、筆者は「*Cv*接着設計法」を開発しました。

この方法で接着の適用可能性が見えたら、評価試験によって必要な数値を求めて見積もりの精度を上げていけば、適切な強度設計が可能となってきます。

4.2.2 接着の設計基準強度、設計許容強度の考え方

接着強度は破断試験で求められることが一般的ですが、破断強度を接着強度の実力値と考えてはいけません。また、破断強度には当然ばらつきがあるので、平均値ではなく最低値で考えねばなりません。ただし、最低値は要求される信頼度（許容できる不良率）で変化します。さらに、最低値は種々の要因で低下します。そこで、通常用いられている破断強度や平均値、劣化前の初期値などではなく、次に示すような接着強度の低下に及ぼす各種因子を考慮して接着強度の実力値を求めて、その強度を設計基準強度とする必要があります。

ここでは、接着強度の低下に影響する因子として、①接着強度のばらつき、②劣化による接着強度の低下と強度ばらつきの増大、③内部破壊の発生、④接着強度の温度依存性を考えます。

接着強度の実力値である設計基準強度で設計するのは危険です。設計に使える強度は、設計基準強度を安全率で除した設計許容強度となります。

「*Cv*接着設計法」では、前節の4.1.2項に示した高信頼性・高品質接着の基本条件の(1)、(2)を満たすところまで作り込みがなされた接着系であることを前提とするので、破壊状態は凝集破壊の場合について考えます。

4.2.3 *Cv*接着設計法で見積もりたいもの

図4.2.1は、右から、①初期の室温における破断強度の分布、②劣化による強度低下とばらつき増大後の強度分布、③内部破壊と使用温度による接着強度の低下を考慮した強度分布を示したもので、分布④は③の分布を安全率で除したものです。各分布の左端の塗りつぶした部分は許容できる不良率を示しています。分布③における許容不良率の上限強度が、接着強度の実力値である設計基準強度となり、分布④における許容不良率の上限強度が設計許容強度となります。

図4.2.1には、実際に接着部に加わる最大の負荷力P_{max}も示してあります。ここで想定以上の不良を出さないためには、設計許容強度は最大負荷力と同じか、それ以上でなければなりません。この条件を満足するためには、初期の室温での平均破断強度は最大負荷力の何倍以上になるように設計すればよいの

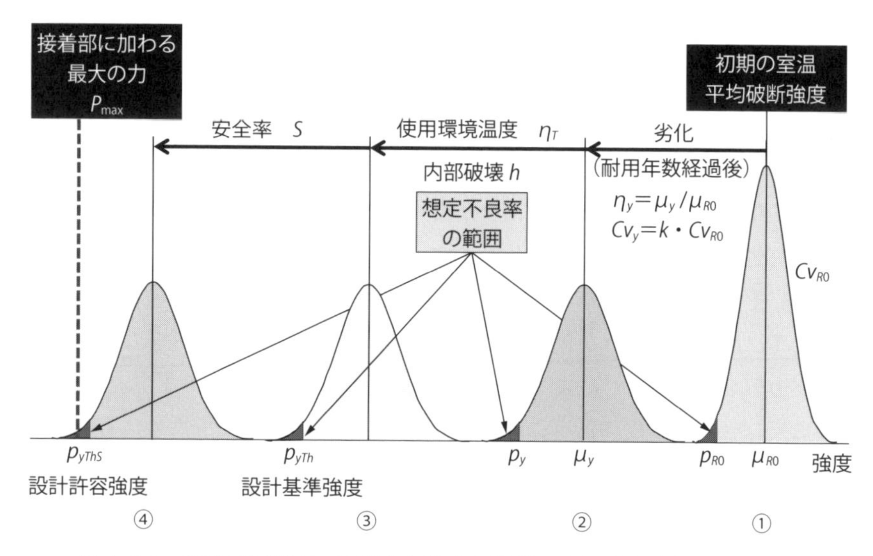

図4.2.1　設計基準強度、設計許容強度と初期の室温平均破断強度の関係

か、これを見積もるのが一つの目的です。

強度的には接着が使えそうだという見積もりが出たら、どのくらいのばらつきに押さえた製造をしなければならないか、すなわち、変動係数Cvをどのくらいに押さえなければならないのかの見積もりが必要となります。これを見積もるのが第二の目的です。

以下に、「Cv接着設計法」について具体的に説明していきます。

4.2.4 Cv接着設計法における前提条件

(1) 接着強度の分布の形

4.1.2項に示した高信頼性・高品質接着の基本条件の(1)、(2)を満たすところまで作り込みがなされた接着系では、被着材料の変形や伸びが小さい場合には、接着強度の分布は正規分布になることがわかっている[1〜3]ので、以下では接着強度の分布を正規分布として扱います。

(2) 接着部に加わる力と発生不良率

図4.2.2は、接着破断強度と接着部に実際に加わる力の大きさの分布を示し

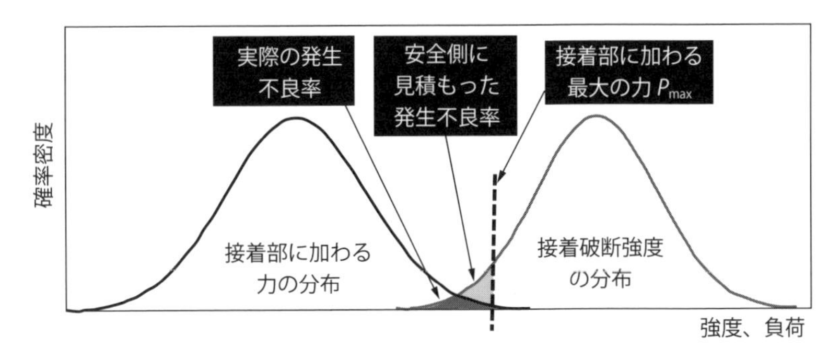

図4.2.2　ストレス・ストレングスモデルにおける接着部に加わる力と発生不良率の関係

たものです。不良は、接着強度の分布と接着部に加わる力の分布が重なったところ（塗りつぶし部分）で生じます。

しかし、接着部に加わる力の分布はわかっていないことも多く、塗りつぶし部分の割合を求めることは容易ではありません。そこで、接着部に加わる最大の力P_{max}で考え、接着破断強度がP_{max}に満たないものが破壊すると考えます。この場合、発生不良率は塗りつぶし部より多くなるので、安全側に見積もることにもなります。

4.2.5 Cv接着設計法における接着強度の低下因子

(1) 接着強度のばらつき

(1-1) ばらつき係数*d*、変動係数*Cv*、許容不良率*F*(*x*)

ここでは平均強度ではなく、ばらつきを考慮して図4.2.3に示すように、製品の設計段階であらかじめ設定されている許容不良率$F(x)$[1,2]の上限強度pを考えます。許容不良率$F(x)$は製品の耐用年数までに発生する不良率の許容できる上限値で、設計段階で決められ、1/10万～1/1,000万程度の設定が多いようです[1,2]。数字が小さいほど信頼性の要求が高く設定されているということです。許容不良率は、正規分布の面積全体を1として低強度側の面積の占める割合で表し、許容不良率$F(x)$の上限強度をpとします。pは、良品の最低強度ということもできます。

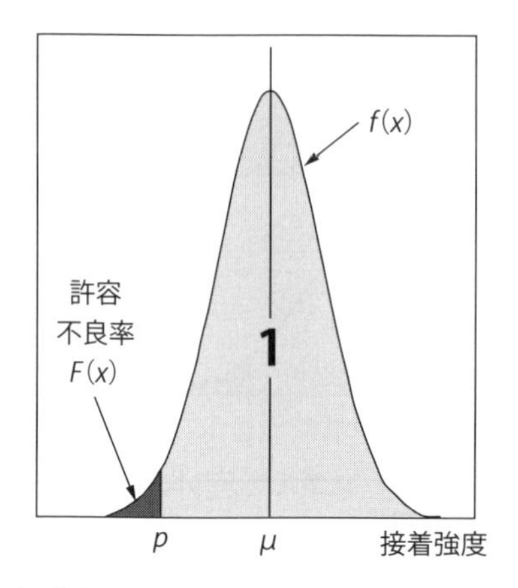

図4.2.3　正規分布における許容不良率$F(x)$とその上限強度p

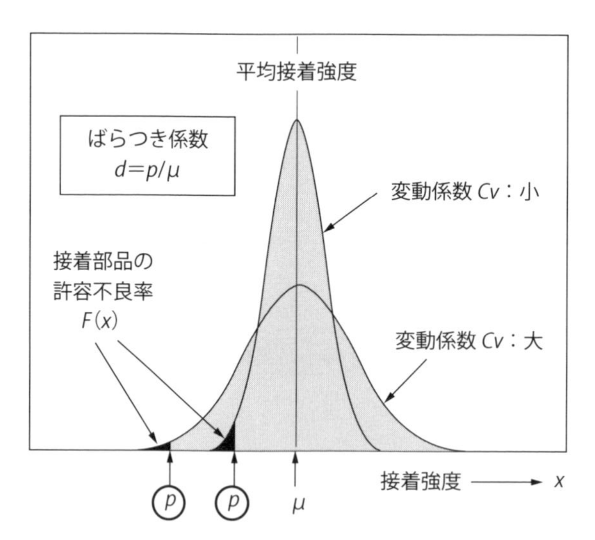

図4.2.4　正規分布における許容不良率$F(x)$の上限強度pとばらつき係数d

しかし、**図4.2.4**に示すように、平均強度μと許容不良率$F(x)$が同じであっても、ばらつきが異なると許容不良率の上限強度pは異なります。ばらつきの大きさを表す指標として、これまで変動係数Cv（＝標準偏差σ/平均値μ）を用いてきましたが、ここからは、もう一つの指標として、平均強度μに対する許容不良率の上限強度pの比率（p/μ）を「ばらつき係数d」として用いていきま

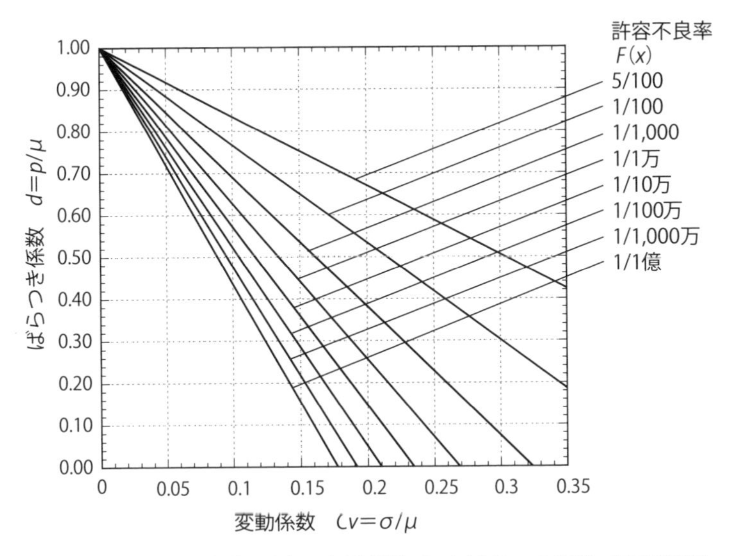

図4.2.5　許容不良率$F(x)$、変動係数Cvとばらつき係数dの関係図

す。dが1に近いほど分布はシャープな形となり、ばらつきが小さくなります。

$$変動係数 Cv=\sigma/\mu \quad ・・・(1)$$

σ：標準偏差

μ：平均強度

$$ばらつき係数 d=p/\mu \quad ・・・(2)$$

p：許容不良率の上限強度（良品の最低強度）

μ：平均強度

ばらつき係数dがどのくらいあればよいかは、設計段階で決めることになります。dが小さくても、不良が出なければそれでよいという考えもあると思いますが、良品の最低強度が平均値に比べて非常に低いというのは品質という面から考えれば好ましいとは言えません。この点から筆者は、悪くても0.5、好ましくは0.7程度は欲しいと思っています。

ばらつき係数d、変動係数Cv、許容不良率$F(x)$の関係をグラフ化すると、**図4.2.5**のようになります。この図から、接着強度の変動係数Cvと設定されている許容不良率$F(x)$より、ばらつき係数dを容易に求めることができます。例えば、許容不良率$F(x)$が1/100万と設定されている場合、変動係数Cvが0.1

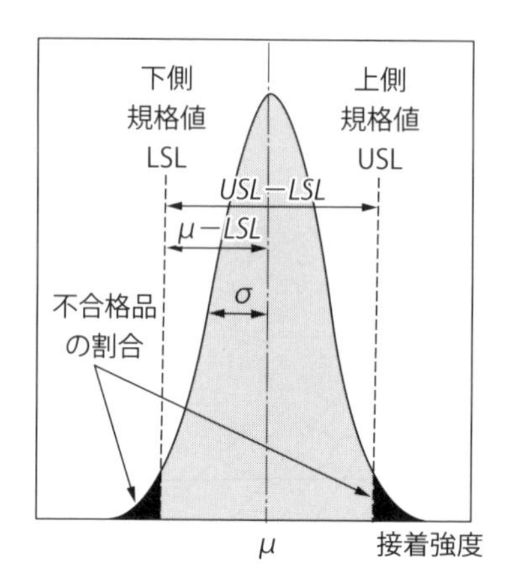

図4.2.6　工程能力指数の説明図

で製造すると、ばらつき係数dは0.52となり、良品の最低強度品は平均強度の52％のものが含まれることがわかります。もし、良品の最低強度を平均強度の60％確保したい場合は、変動係数Cvは0.08程度まで小さくする必要があることがわかります。許容不良率$F(x)$が1/10万でよければ、変動係数Cvは0.09程度でよいことがわかります。

しかし、許容不良率$F(x)$の直線の傾きは正規分布の確率密度関数から計算する必要があるため、式化して任意の許容不良率におけるばらつき係数を求めるのは面倒です。

(1-2) 工程能力指数Cp_Lと信頼性指数R

そこで、許容不良率$F(x)$と類似の意味を持つ工程能力指数Cpを用います。工程能力指数Cpは、**図4.2.6**に示すように、一般に平均値μに対して上側規格値USLと下側規格値LSLが規定されていて、USL以上、LSL以下のものは不合格とされ、最終の検査によって排除されます。

工程能力指数Cpは、$Cp=(USL-LSL)/6\sigma$（σは標準偏差）と定義されますが、強度のように上側規格値が不要な場合は下側規格値のみが規定され、Cp_Lと表記され、$Cp_L=(\mu-LSL)/3\sigma$と定義されます。CpやCp_Lは、1.00、1.33、1.50、1.67などに設定される場合が一般的で、値が大きいほど不良率が低いということになります。1.00というのは、いわゆる3σ管理ということです。

しかし、接着強度は非破壊では検査できないため、下側規格値LSLを決め

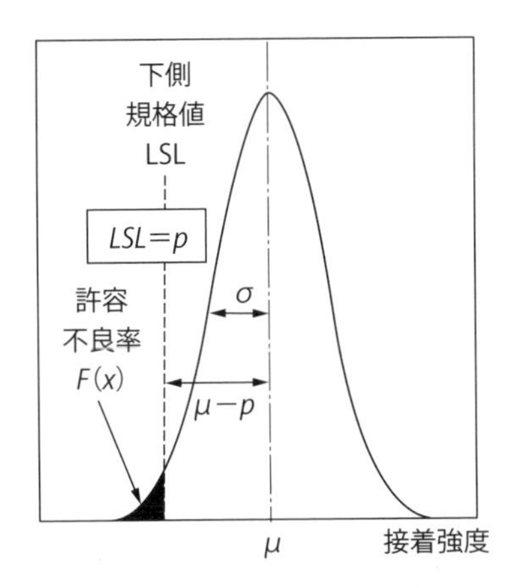

図4.2.7　信頼性指数Rの説明図

ても、LSL以下の強度のものを排除できず、市場に流れ出ることとなります。この点から接着強度においては、下側規格値LSLは検査の規格値としての意味はなく、許容不良率以上の不良品を市場に流出させないための規格値、すなわち、許容不良率の上限強度pと考えるのが妥当です。

そこで、接着強度に関しては、**図4.2.7**に示すようにLSLをpと置き換えて考えます。工程能力指数という言葉では、検査で不良品を排除する工程管理の手法と誤解されやすいので、以下、工程能力指数の考え方を借りて新たに「信頼性指数R」を次のように定義します。

$$信頼性指数 R=(\mu-p)/3\sigma \quad \cdots(3)$$

μ：平均強度

p：許容不良率の上限強度（良品の最低強度）

σ：標準偏差

信頼性指数$R=1.00$、1.33、1.50、1.67は、許容不良率$F(x)$で表すと、それぞれ1.35/1,000、3.17/10万、3.40/100万、2.87/1,000万に相当します。

変動係数$Cv=\sigma/\mu$、ばらつき係数$d=p/\mu$なので、(3)式から(4)式が得られます。

$$ばらつき係数 d=1-3R\cdot Cv \quad \cdots(4)$$

R：信頼性指数

Cv：変動係数

また、(4)式から、変動係数Cvは(5)式で表されます。

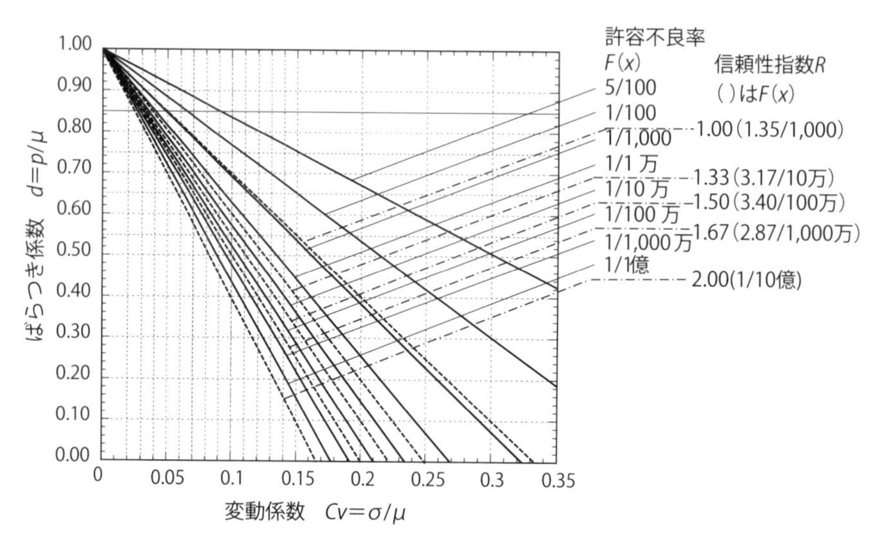

図4.2.8 信頼性指数R、許容不良率$F(x)$、変動係数Cvとばらつき係数dの関係図 ($d=1\text{-}3R\cdot Cv$)

$$変動係数 Cv=(1-d)/3R \quad ・・・(5)$$

d：ばらつき係数

R：信頼性指数

⑷式をグラフ化すると、直線の傾きが$-3R$の**図4.2.8**となります。図には図4.2.5で示した許容不良率$F(x)$の線も書いてあるので、許容不良率$F(x)$と信頼性指数Rの関係もよくわかります。例えば、信頼性指数1.50は、許容不良率$F(x)$で示すと正確には3.40/100万ですが、1/10万と1/100万の間にあることが容易にわかります。この図から、例えば信頼性指数Rが1.67要求されていて、良品の最低強度（ばらつき係数d）が平均値の50%以上要求されている場合は、変動係数Cvは0.10以下になるように製造を行えばよく、もし、ばらつき係数dが0.7以上要求されている場合は、変動係数Cvが0.06以下になるところまで作り込む必要があることが容易にわかります。

(2) 劣化による接着強度の低下と強度ばらつきの増大

接着強度を劣化前の初期強度ではなく、劣化後の強度で考えます。接着部に劣化が生じると、**図4.2.9**に示すように、①接着強度の低下と、②接着強度のばらつき増大が起こります[1~5]。

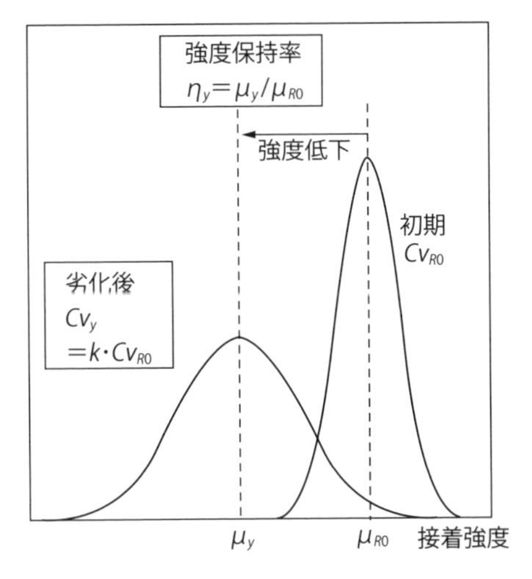

図4.2.9　劣化による接着強度の低下と強度ばらつきの増大

ここで、劣化後の平均強度をμ_y（以後、$_y$は劣化後を意味します）、初期室温での平均破断強度をμ_{R0}（以後、$_R$は室温、$_0$は初期を意味します）として、μ_y/μ_{R0}を「強度保持率η_y」とします。

強度保持率$\eta_y = \mu_y / \mu_{R0}$　・・・(6)

μ_y：劣化後の平均強度（$_y$は劣化後の意味）

μ_{R0}：初期の平均強度（$_R$は室温、$_0$は初期の意味）

劣化後の強度保持率η_yは、耐用年数経過後でも悪くても0.5程度を確保していることは必要でしょう。劣化による強度低下が大きすぎると、予測不可能な現象による破壊などが懸念されるためです。

劣化後のばらつきの増大は、変動係数が増加するとして扱います[1~5)]。すなわち、劣化後の変動係数Cv_yは、初期の変動係数Cv_{R0}がk倍に増大するとします。kは、筆者が長年にわたって実施した評価試験や実製品の実績から得られた経験値ですが、初期に凝集破壊している場合は、接着製品の耐用年数や使用環境や応力の厳しさによって異なりますが1.0～1.5倍と考えればよいでしょう[1~5)]。

劣化後の変動係数$Cv_y = k \cdot Cv_{R0}$　・・・(7)

k：劣化によるばらつきの増大率（$1.0 \leqq k \leqq 1.5$）

Cv_{R0}：初期の変動係数

(3) 内部破壊

(3-1) 内部破壊

図4.1.5に示したように、一般に破断荷重や最大荷重値が接着強度として扱われています。しかし、最終的に破断する以前に接着部の内部では、小さな破壊が繰り返し起こっています。このように破断の前に低い荷重域から生じる破壊を「内部破壊」と呼んでいます。

ここでは、真の接着強度を内部破壊が最初に生じる強度、すなわち「内部破壊発生開始強度」と考えます。

(3-2) 内部破壊係数

破断荷重に対する内部破壊発生開始荷重の比を「内部破壊係数h」とし、次の三つの場合について考えます。

①静的荷重負荷のみが加わる場合。内部破壊係数をh_1とします。

②繰返し疲労などの高サイクル疲労が加わる場合。係数をh_2とします。

③ヒートサイクルやヒートショックなどの熱応力による低サイクル疲労が加わる場合。係数をh_3とします。

(3-3) 静荷重負荷のみが加わる場合の内部破壊係数h_1

表4.1.1[1,3,4]に示したAE（Acoustic Emission）による測定結果から、凝集破壊の場合は破断荷重の51％以上の荷重負荷でAEが発生しているので、静荷重負荷の場合の内部破壊係数h_1は、とりあえず0.5とします。とりあえずとしたのは、内部破壊に関する研究例が少ないためです。

(3-4) 高サイクル疲労の場合の内部破壊係数h_2

高サイクル疲労の場合の内部破壊係数は、繰返し疲労試験の結果から求めます。疲労試験の結果の一例は図4.1.6に示しました[1,3)]。繰返し疲労における破壊は内部破壊の蓄積によるものと考え、静的破断荷重に対する10^7回の高サイクル疲労における最大負荷荷重の比を内部破壊係数h_2とします。凝集破壊の場合は、一般にh_2は静的破断荷重の1/3～1/4程度なので、$h_2=0.25$とします。

(3-5) 熱応力の繰り返しによる低サイクル疲労の場合の内部破壊係数h_3

ヒートサイクルやヒートショックによる強度低下は、線膨張係数差により発生する熱応力によるものと考えられ、外力による疲労と同様に扱えます。温度変化は外力の繰返しの場合より周期が長いため、静的破断荷重に対する10^4回

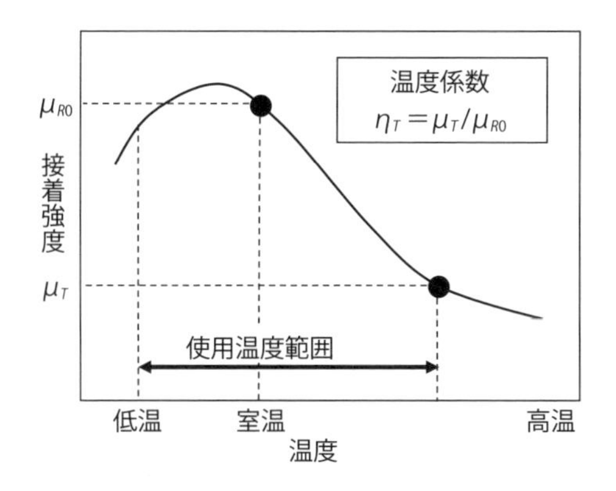

図4.2.10　接着強度の温度依存性の模式図と温度係数η_T

における最大負荷荷重の比を内部破壊係数h_3とします。10^4回における静的破断荷重に対する最大負荷荷重の比は一般に0.4～0.5程度なので、h_3は0.4～0.5程度とします。

内部破壊係数

静荷重負荷のみが加わる場合の内部破壊係数$h_1 = 0.5$

高サイクル疲労の場合の内部破壊係数$h_2 = 0.25$

冷熱サイクル疲労の場合の内部破壊係数$h_3 = 0.4$～0.5

(4) 接着強度の温度依存性

図4.2.10に示すように、樹脂系の接着剤の場合は温度によって接着強度が変化するので、室温での接着強度ではなく製品の使用温度範囲において接着強度が最も低下する温度下での接着強度で考えます。接着部の使用温度範囲において、接着強度が最も低下する温度下における接着強度をμ_T（$_T$は温度を意味します）とし、室温での接着強度μ_{R0}に対するμ_Tの比率（μ_T/μ_{R0}）を「温度係数η_T」とします。μ_{R0}、μ_Tは接着剤のカタログや接着剤メーカーへの問合せで容易にわかるので、温度依存係数η_Tは容易に求めることができます。

$$温度係数\eta_T = \mu_T/\mu_{R0} \quad ・・・(8)$$

μ_T：接着強度が最も低下する温度下における接着強度

μ_{R0}：室温での接着強度

(5) 安全率

接着強度の低下に影響する因子として、①接着強度のばらつき、②劣化による接着強度の低下と強度ばらつきの増大、③内部破壊の発生、④接着強度の温度依存性を考えてきましたが、これらが低下要因のすべてとは言えません。また、接着強度の実力値である設計基準強度で設計するのは危険です。そこで、「安全率S」を設定します。

$$安全率 S = p_{yTh}/p_{yThS} \quad ・・・(9)$$

p_{yTh}：設計基準強度

p_{yThS}：設計許容強度

（$_y$は劣化後、$_T$は温度係数、$_h$は内部破壊係数、$_S$は安全率の意味）

4.2.6 設計基準強度と設計許容強度の算出式

(1) 初期室温平均破断強度μ_{R0}と設計基準強度p_{yTh}の比率の算出式

これまでに述べてきたように、設計基準強度、すなわち、接着強度の実力強度は、図4.2.1に示すように初期の室温における平均破断強度μ_{R0}に対して、設定された想定不良率における初期のばらつき係数d_{R0}（$=p_{R0}/\mu_{R0}$）、劣化後の強度保持率η_y、劣化による変動係数の増加率k、内部破壊係数h、使用温度による強度低下率（温度係数）η_Tなどを考慮したp_{yTh}となります。

まず、劣化後の許容不良率の上限強度p_yを求めます。

$$d_y = p_y/\mu_y、\mu_y = \mu_{R0} \cdot \eta_y、なので、d_y = p_y/(\mu_{R0} \cdot \eta_y)$$

(4)式より、$d_y = 1-3R \cdot Cv_y$、$Cv_y = k \cdot Cv_{R0}$　なので、

$d_y = p_y/(\mu_{R0} \cdot \eta_y) = 1-3R \cdot k \cdot Cv_{R0}$　となり、(10)式が得られます。

$$p_y = \mu_{R0} \cdot \eta_y \ (1-3R \cdot k \cdot Cv_{R0}) \quad ・・・・(10)$$

p_y：劣化後の許容不良率の上限強度

μ_{R0}：初期室温での平均破断強度

η_y：劣化後の強度保持率

R：信頼性指数

k：劣化による変動係数の増大率

Cv_{R0}：初期室温での変動係数

次に、内部破壊と使用温度による強度低下を考慮します。すると、図4.2.1の設計基準強度p_{yTh}は(11)式となります。

設計基準強度$p_{yTh}=\mu_{R0}\cdot\eta_y\ (1-3R\cdot k\cdot Cv_{R0})\cdot\eta_T\cdot h$　・・・⑾

η_T：温度係数

h：内部破壊係数

⑾式より、初期室温平均破断強度μ_{R0}と設計基準強度p_{yTh}の比率の算出式は⑿式となります。

$p_{yTh}/\mu_{R0}=\eta_y\ (1-3R\cdot k\cdot Cv_{R0})\cdot\eta_T\cdot h$　・・・⑿

p_{yTh}：設計基準強度

μ_{R0}：初期室温平均破断強度

η_y：劣化後の強度保持率

R：信頼性指数

k：劣化による変動係数の増大率

Cv_{R0}：初期室温での変動係数

η_T：温度係数

h：内部破壊係数

(2) 初期室温平均破断強度μ_{R0}と設計許容強度p_{yThS}の比率の算出式

設計基準強度p_{yTh}で設計することは適当ではないため、さらに安全率Sを考慮して設計許容強度p_{yThS}を求めます。⑿式より、初期室温平均破断強度μ_{R0}と設計許容強度p_{yThS}の比率の算出式は⒀式となります。

$p_{yThS}/\mu_{R0}=\eta_y\ (1-3R\cdot k\cdot Cv_{R0})\cdot\eta_T\cdot h/S$　・・⒀

p_{yThS}：設計許容強度

μ_{R0}：初期室温平均破断強度

η_y：劣化後の強度保持率

R：信頼性指数

k：劣化による変動係数の増大率

Cv_{R0}：初期室温での変動係数

η_T：温度係数

h：内部破壊係数

S：安全率

⒀式には初期の変動係数Cv_{R0}が含まれていますが、初期の変動係数は見積もりたい値の一つなので困ります。そこで、⑸式より$Cv_{R0}=(1-d_{R0})/3R$　なの

で、⒀式に代入すると⒀'式が得られます。

$$p_{yThS}/\mu_{R0}=\eta_y\{1-k\cdot(1-d_{R0})\}\cdot\eta_T\cdot h/S \quad \cdot\cdot(13')$$

d_{R0}：初期室温でのばらつき係数

その他は⒀式の説明参照

(3) 必要な初期室温平均破断強度と必要面積の算出式

図4.2.1に示すように、接着部に加わる最大負荷力$P_{\max}$に対して設計許容強度p_{yThS}は同じか、それ以上であること（$p_{yThS}\geqq P_{\max}$）が必須条件です。

接着部に加わる最大負荷力$P_{\max}$に対する必要な初期の平均破断強度μ_{R0}の倍率は⒀式または⒀'式の逆数μ_{R0}/p_{yThS}倍以上必要であり、⒁式または⒁'式で求めることができます。

初期の変動係数Cv_{R0}を設定している場合

$$\mu_{R0}/P_{\max}\geqq\mu_{R0}/p_{yThS}=S/\{\eta_y\ (1-3R\cdot k\cdot Cv_{R0})\cdot\eta_T\cdot h\} \quad \cdot\cdot(14)$$

初期のばらつき係数d_{R0}を設定している場合

$$\mu_{R0}/P_{\max}\geqq\mu_{R0}/p_{yThS}=S/[\eta_y\{1-k\cdot(1-d_{R0})\}\cdot\eta_T\cdot h] \cdot\cdot(14')$$

⒁⒁'式から、必要な初期室温平均破断強度μ_{R0}は、⒂⒂'式から求められます。

初期の変動係数Cv_{R0}を設定している場合

$$\mu_{R0}\geqq P_{\max}\cdot S/\{\eta_y\ (1-3R\cdot k\cdot Cv_{R0})\cdot\eta_T\cdot h\} \quad \cdot\cdot(15)$$

初期のばらつき係数d_{R0}を設定している場合

$$\mu_{R0}\geqq P_{\max}\cdot S/[\eta_y\{1-k\cdot(1-d_{R0})\}\cdot\eta_T\cdot h] \quad \cdot\cdot(15')$$

初期の平均破断強度がτMPaの接着剤を用いると仮定すると、必要な接着面積はμ_{R0}/τで求めることができます。

(4) 初期の必要変動係数の算出式

初期の変動係数Cv_{R0}をどの程度まで作り込まなければならないかを見積もる場合、作り込みの程度は要求される信頼度（信頼性指数R）と初期のばらつき係数d_{R0}によって決まるので、それらの値を設定しておく必要があります。Rとd_{R0}が決まれば、前述の⑸式から初期の変動係数Cv_{R0}を容易に求めることができます。

$$\text{初期室温での変動係数}\ Cv_{R0}=(1-d_{R0})/3R \quad \cdot\cdot\cdot(5)$$

(5) 初期の変動係数Cv_{R0}を設定して初期のばらつき係数d_{R0}を求める算出式

作り込みの程度を表す初期の変動係数Cv_{R0}を仮定して、ばらつき係数d_{R0}（初期の良品の最低強度が初期の平均強度に対してどの程度の割合になるか）を見積もりたい場合は、前述の(4)式から容易に求めることができます。

$$\text{ばらつき係数}\ d_{R0}=1-3R\cdot Cv_{R0} \quad \cdots(4)$$

4.2.7 Cv接着設計法の見積もり例

本節冒頭でも紹介していますが、「Cv接着設計法」の計算アプリは、

https://www.haraga-secchaku.info/cvdesign/

からダウンロードできます。

(1) 初期室温平均破断強度と設計許容強度の比率の計算例

(13')式で見積もってみましょう。

条件を次のように設定してみます。

劣化後の強度保持率η_y：0.7

劣化による変動係数の増加率k：1.2

初期のばらつき係数d_{R0}：0.7

温度係数η_T：0.7

内部破壊係数h：0.5

安全率S：1.5

なお、信頼性指数Rは計算には使いませんが、設定しておく必要があります。ここでは、1.50とします。

結果は$p_{yThS}/\mu_{R0}=0.105$となります。すなわち、設計許容強度は室温の平均破断強度の約1/10となります。かなり低いなと思われるかもしれませんが、これが実際のところです。

(2) 初期の室温における必要な接着強度と接着面積の試算

(15')式で見積もってみましょう。(1)の条件に加えて、接着部に加わる最大負荷力$P_{\max}$は200Nと仮定します。

(15')式より、初期の室温における必要な接着強度μ_{R0}は1,913N以上必要という結果になります。

ここで、使用する接着剤の初期の平均破断強度τを20 MPaと仮定すると、必要な接着面積はμ_{R0}/τで求めることができるので、95.7 mm^{2}以上必要（例えば約10 mm×10 mm）という結果になります。

(3) 初期の必要な変動係数Cv_{R0}の試算

前述の⑸式から容易に求めることができます。

初期のばらつき係数d_{R0}が0.7、要求される信頼性指数Rが1.50であれば、初期の変動係数Cv_{R0}は0.067以下が必要となります。

変動係数を常に0.067以下で生産するのは、できないことはありませんが、作り込みには結構な努力が必要です。

(4) 初期の変動係数Cv_{R0}を仮定して必要な接着強度μ_{R0}と接着面積を見積もる

初期の変動係数Cv_{R0}を何とか0.10程度で生産したいという場合には、⒂式で見積もります。

⑴と同じ設定条件で初期の変動係数Cv_{R0}を0.10として計算すると、初期の必要な平均破断強度μ_{R0}は2,662N以上必要と算出されます。

20 MPaの接着剤を用いる場合は133 mm^{2}以上の面積が必要となり、変動係数が0.67の場合より広い面積が必要になります。

この場合の初期のばらつき係数d_{R0}を⑷式で計算してみると0.55となり、⑴で設定した初期のばらつき係数d_{R0}が0.7より低くなっています。上記⑵の計算では、ばらつき係数は0.7なので最低強度品の強度は1,340Nですが、⑷の試算では必要強度は2,662N以上と高くなっているので、良品の最低強度は1,464Nとなり低くなっているわけではありません。

信頼性指数R、ばらつき係数d_{R0}、変動係数Cv_{R0}の見直しを含めて妥協点を探ることとなります。

4.3 設計・施工における留意点

4.3.1 単純重ね合わせせん断試験の平均せん断強度を用いてよいか

2.3.3項で述べたように、接着剤のカタログを見るとせん断接着強度が掲載されていますが、これはJIS K 6850などに規定された板同士の単純重ね引張りせん断試験から得られたものです。幅25 mm、長さ100 mmの板同士を重ね合わせ長さ12.5 mmで接着して引張り試験を行い、破断荷重を接着面積で割った単位面積当たりの平均せん断強度です。

ところが、2.3.3項で述べたように、重ね合わせ部に生じるせん断応力は両端部に近いほど大きくなり、接着部の中央では低くなります。

破壊は応力の高い重ね合わせ長さの端部から始まるので、正確には破壊時点での端部の応力値を知る必要があります。しかし、破壊時の端部のせん断応力値を求めることは容易にはできません。そのため、便宜的に破断時の荷重値を接着面積で割った平均せん断応力が使われています。

設計に用いるせん断応力値は、重ね合わせ端部が破壊する直前の端部でのせん断応力（これをτ_{max}とする）を用いたいところですが、破断荷重値を接着面積で割って求めた平均せん断応力（これをτ_{μ}とする）はτ_{max}より小さいので、τ_{μ}で設計すれば安全サイドの設計となります。

したがって、限界設計が要求される部品や機器以外であれば、平均接着応力τ_{μ}を設計の目安として用いて差し支えないと考えられます。

4.3.2 水分劣化に対する設計

(1) 接着部の形状・寸法

図4.3.1は、円柱、正四角柱、正三角柱同士を突き合わせ接着した試験片の形状を示したものです。接着面積Sはすべて同じです。試験片はいずれも水を通さない同種の金属製で、接着剤も表面処理も同じです。これらの試験片を同

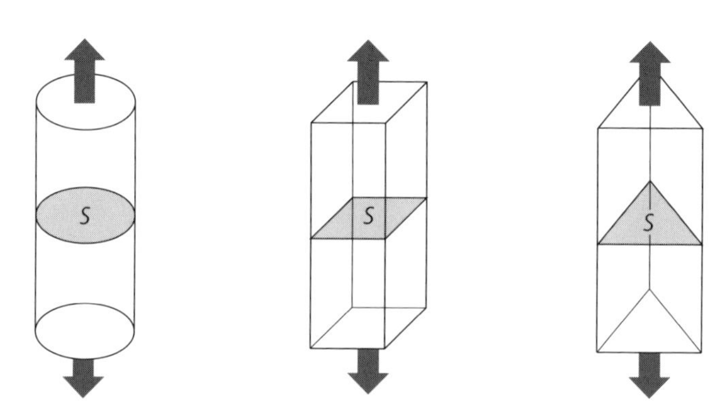

図4.3.1　接着面積Sが同じ円柱、正四角柱、正三角柱同士の突き合わせ引張り試験片

じ水分環境に同じ時間暴露後、接着強度を測定すると劣化の程度は同じではなく、正三角形試験片が最も劣化が大きく、円形試験片が最も劣化が小さくなっています。これは、接着部への水分の浸入口は**図4.3.2**に示すように接着部の周囲であり、接着部への水分の浸入量は接着部の外周の長さLに比例するためです。接着面積Sが同じでも、形状が異なると外周の長さLは異なり、面積Sが同じであれば外周の長さLは円形＜正方形＜正三角形となります。

図4.3.3は、径が異なる円柱同士を接着した試験片です。径が大きくなると、面積Sは径の二乗で大きくなります。このため同一形状の場合は外周の長さLが長くなっても、単位接着面積当たりの吸水量は低下するため、耐水劣化の程度は面積が大きいほど小さくなります。

以上の点から、外周の長さLが長いほど、接着面積Sが小さいほど、水分による劣化は大きくなるので、接着面積S/外周の長さLをパラメーターとすると、S/Lが大きいほど水分劣化が少なくなります。

図4.3.4は、接着部が円形、正方形、正三角形のステンレス鋼の突き合わせ引張り試験片による耐湿試験の結果です。同じ形状でも寸法を変化させてあります。接着剤は二液室温硬化型アクリル系接着剤（SGA）で、80℃90％RH雰囲気に5日間暴露した後の接着強度保持率を示してあります。横軸は［接着面積S／接着部の外周の長さL］です。この結果より、S/Lをパラメーターとすれば形状に関係なくS/Lで整理することができ、S/Lが大きいほど劣化が少ないことがわかります。

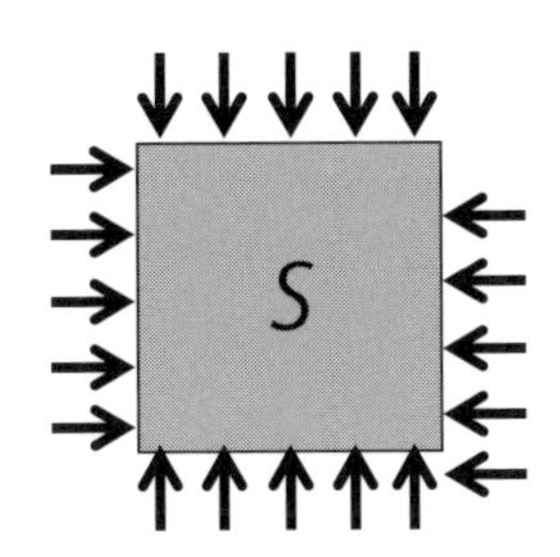

図4.3.2　接着部への水分の侵入口

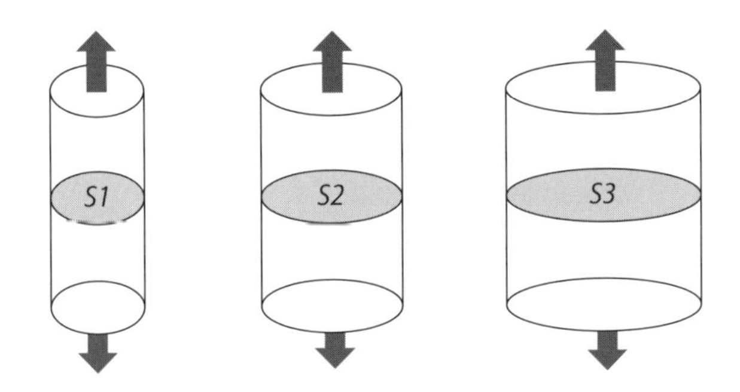

図4.3.3　接着面積Sが異なる円柱同士の突き合わせ引張り試験片

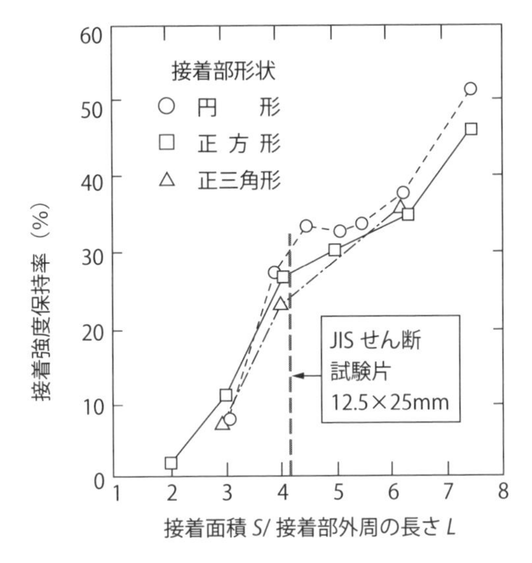

図4.3.4　接着部が円形、正方形、正三角形のステンレス鋼の突き合わせ引張り試験片による耐湿試験の結果（80℃ 90%RH雰囲気5日間暴露後の強度保持率）

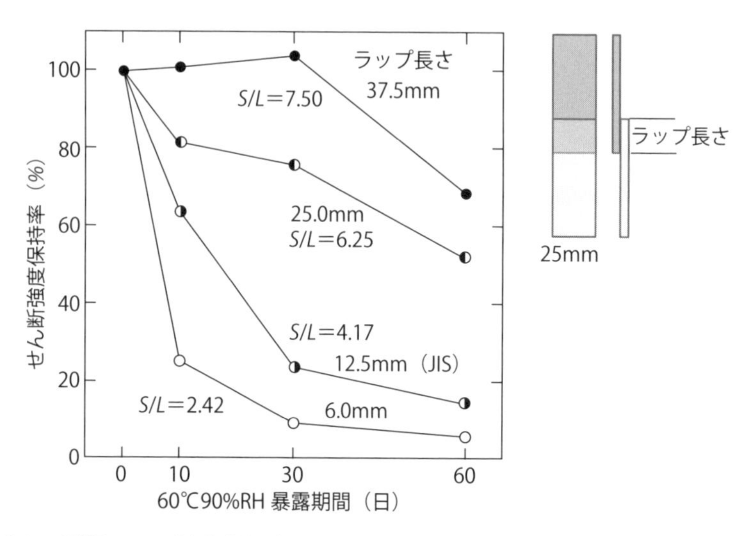

図4.3.5　引張りせん断試験片（幅25mm）のラップ長さを変化させた場合の耐湿性の違いの例（60℃ 90%RH、ステンレス、アクリル系接着剤）

図4.3.5は、JIS規定の引張りせん断試験片のラップ長さだけを変化させた場合の耐湿劣化試験の結果です。被着材はステンレス鋼板、接着剤はSGAです。この結果からも、ラップ長さを大きくするほどS/Lが大きくなり、耐水性は各段に良くなることがわかります。S/Lが大きくなるように接着部の寸法設計を行えば、水分に対する耐久性は自由に設計ができるということです。

図4.3.6は、円柱突き合わせ接着部において、円柱の直径を変えずに耐水性を向上させる接着部の構造設計の一例です。円柱の内部に接着面積を拡げることにより、Lを一定にしたままS/Lを拡大させて耐水劣化を小さくすることができます。

(2) 細長い接着部における接着部の幅

細長い接着部の場合には接着部への水分の浸入は、**図4.3.7**に示すように、ほとんどの部分で接着部の両辺のみからとなります。幅Wの接着部の両辺のみから接着部に水分が浸入する場合は、暴露時間t、一辺からの距離xにおける吸水率の飽和吸水率に対する比率は式(1)のFickの拡散の式で計算でき、接着部全体における平均吸水率がある一定値に達する時間tは幅の変化率の二乗となります。すなわち接着部の幅を2倍に拡げると、同じ吸水率に達する時間

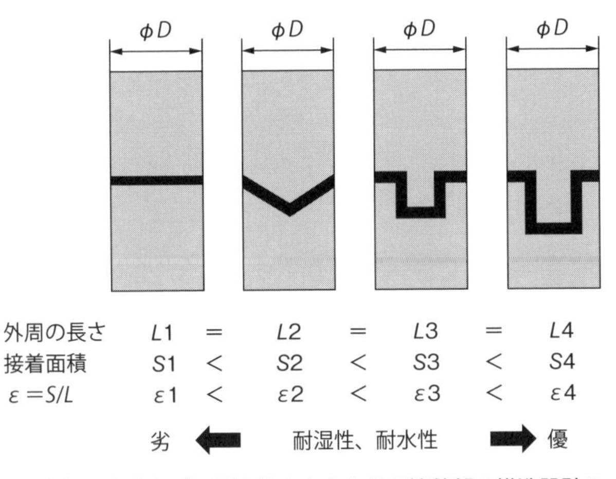

図4.3.6　円柱の直径Dを変えずに耐水性を向上させる接着部の構造設計の一例（断面図）

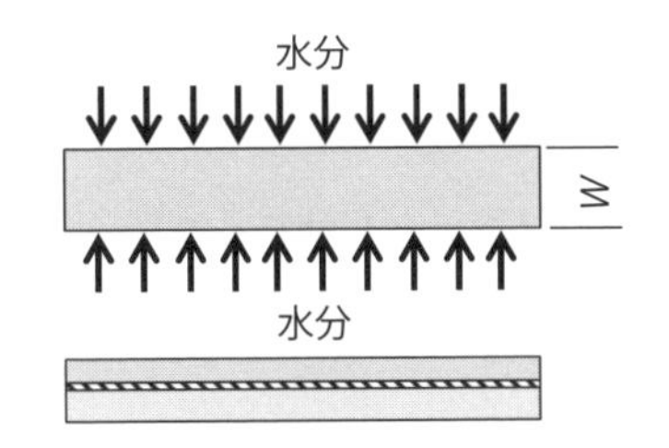

図4.3.7　幅Wの細長い接着部における水分の侵入口

tは4倍に伸び、幅を3倍に拡げると9倍に伸びることになります。一定の劣化を起こす時間も同様に考えることができます。

式(1)幅Wの端からの距離xにおけるt時間暴露後の吸水率の分布を求める計算式（Fickの拡散式）

$$\frac{M_x}{M_m}=1-\frac{4}{\pi}\sum_{j=0}^{\infty}\frac{1}{(2j+1)}\cdot\sin\frac{(2j+1)\pi x}{W}\cdot\exp\frac{-(2j+1)^2\pi^2 Dt}{W^2} \tag{1}$$

M_x：時間t、端部からの距離xにおける吸水率

M_m：飽和吸水率

W：接着部の幅

D：拡散係数

M：時間tにおける吸水率

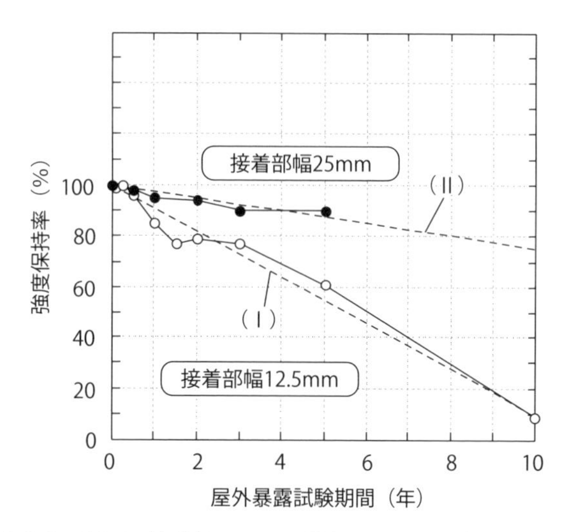

図4.3.8　細長い接着部における接着部の幅Wが12.5mmと25.0mmの試験片の屋外暴露劣化の試験結果（破線(II)の傾きは、破線(I)の傾きを1/4にしたもの）

b：試料長さ（bは無限大で、$1/b$は0と考えてよい）

$$D = \frac{\Delta M^2 \pi}{16 {M_m}^2 \Delta t} \cdot \frac{1}{(1/W + 1/b)^2}$$

図4.3.8は、細長い接着部における接着部の幅Wが12.5 mmと25.0 mmの試験片の屋外暴露劣化の試験結果を示したものです。屋外暴露における劣化の主要因は水分です。この結果から幅Wが広い方が、劣化が少ないことがわかり、幅25.0 mmの試験片の劣化近似直線(II)の傾きは、幅が12.5 mmの試験片の劣化近似直線(I)の1/4になっていることがわかります。

所定年数後における水分劣化率をあらかじめ設定すれば、必要なのりしろ寸法は容易に求めることができるのです。

(3) 試験片での劣化データから製品の接着部の寸法を決める

水分劣化の評価試験には、一般に引張りせん断試験片（接着部の幅25 mm、接着長さ12.5 mm）やはく離試験片（接着部の幅25 mm）が用いられることが多く、接着剤のカタログなどにはそのデータが掲載されています。

しかし、(1)(2)で述べたように、接着の水分による劣化の程度は接着部の形状や寸法によって変化するので、製品の接着部もカタログデータ通りに劣化するとは限りません。

製品の接着部が円形や四角形など接着部の全周から水分が侵入する形状の場合は、製品と試験片の接着面積 S/接着部の外周長さ L を比較して、製品の S/L の方が小さい場合には試験片の劣化速度より早く劣化するので、製品の S/L を大きくする必要があります。

製品の接着部が細長い形状で、水分が接着部の幅方向からしか入らない場合は、製品と試験片の接着部の幅 W を比較して、製品の幅 W の方が小さい場合には幅 W をできるだけ広げる必要があります。

4.3.3 クリープに対する設計

接着部の劣化の最大の要因は水分とクリープです。

2.3.5項の(3)で述べたように、接着部に継続的に荷重が加わっていると、接着剤がクリープを起こして破壊に至ることがよくあります。破断強度に対して小さな力だから、と安心してはいけません。特に軟らかい接着剤では、室温破断強度の1/50や1/100程度の小さな力でも破壊が生じることがあります。接着部に継続的な力が加わる場合は、クリープ力が加わらないように構造を工夫することが必要です。

クリープは思わぬところで起こることもあります。**図4.3.9**は平らなパネルにハット形補強材を接着するものですが、反りがある補強材を硬化まで加圧して接着すると、加圧を解除した後に補強材が元の形に戻ろうとして、スプリングバック力がクリープ力としてかかってしまうことになります。両面テープのように軟らかい接着層では、はがれが生じます。硬い接着剤でも、接着後に焼

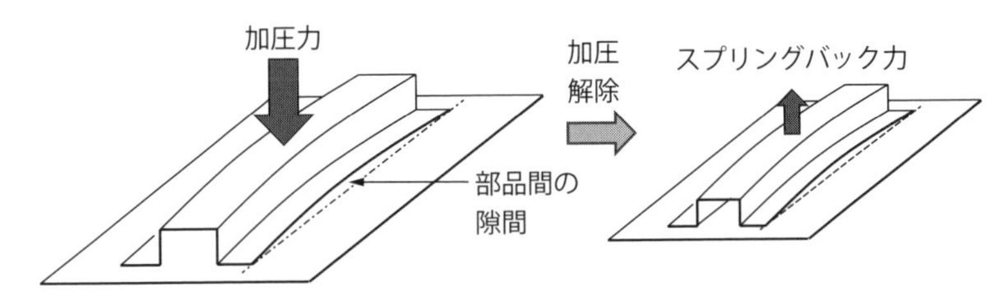

図4.3.9　反りがある部材を硬化まで加圧して接着すると、加圧を解除した後にスプリングバック力がクリープ力としてかかる

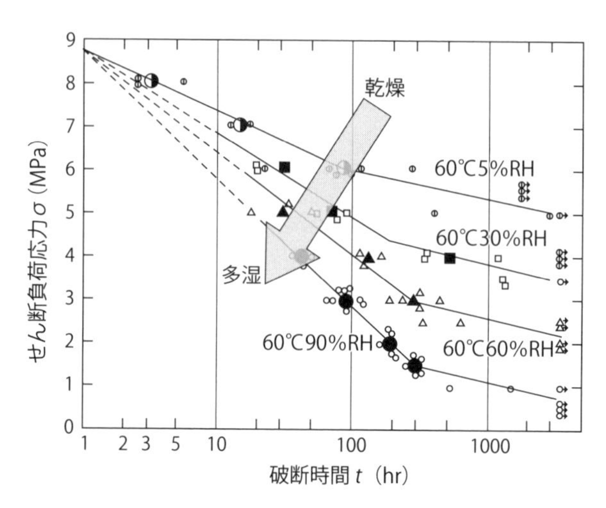

図4.3.10　水分とクリープ荷重の複合作用によるクリープ破断特性の低下

付け塗装などで高温になったり使用時に高温にさらされたりして接着剤が軟らかくなると、はく離を生じることとなります。

湿度の高い状態で継続荷重が加わると、**図4.3.10**のようにクリープ耐力やクリープ破断時間は乾燥状態に比べて大きく低下します。この現象はクリープに限らず、繰返し疲労などの応力と湿度の複合でも起こります。

接合を接着剤だけに頼る場合は、部品の構造を工夫して接着部にクリープ力が加わらないような構造にしなければなりませんが、接着剤とリベット（ファスナー）やねじ、かしめ、溶接などの他の接合法を併用する複合接着接合法を用いれば、クリープ対策だけでなく水分による劣化の低減や2.1.2項の(2)で述べたような多くの効果を得ることができます。

4.3.4　接着層厚さ基準の設計と施工

接着される部品の寸法公差はきちんと図面に書かれており、その公差内で加工がなされます。しかし、接着後の部品の図面を見ると、接着層の厚さおよび厚さの公差が記載されていることは稀です。二つの部品が組み合わさって接着できれば、それでよいのでしょうか。接着層の厚さが変われば、2.3.7項で述べ

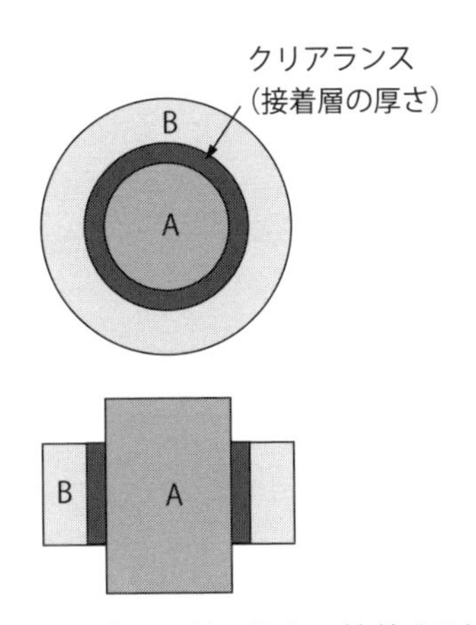

図4.3.11　軸Aを穴Bに差し込んで接着する嵌合接着の例

たように接着強度は変化します。また、2.3.8項の（3-3）で述べたように、温度変化によって破壊が生じることもあります。接着層厚さを考慮した設計や施工は、高信頼性接着を達成するために重要です。

図4.3.11は、軸Aを穴Bに差し込んで接着する嵌合接着の例です。軸Aの直径はφ10 mmで、公差は-0.10から-0.00 mmとなっています。穴Bは直径がφ10 mmで、公差は+0.00から+0.10 mmとなっています。これらの部品を組み合わせると、クリアランス（接着層厚さ）は両側合わせて0.00～0.20 mm（片側：0.00～0.10 mm）となり、軸が穴に入らないということは生じません。しかし、クリアランスが0.00 mmのように小さい場合は、AとBの線膨張係数が異なると温度変化ではがれが生じることとなります。また、クリアランスが0.20 mmのように大きい場合は、嫌気性接着剤や瞬間接着剤では未硬化が生じることとなります。

部品の寸法公差は、接着層厚さの範囲を決めた上で任意の組合せでも、その範囲に入るように決める必要があります。例えば、図4.3.11で軸の公差を-0.03から-0.01 mm、穴の公差を+0.05から+0.08 mmとすれば、任意に組み合わせてもクリアランス（片側）の範囲を0.025～0.055 mmに納めることができます。ただし、加工精度が上がるため加工コストも上昇します。

そこで、次のように部品を寸法でランク分けして組合せを決めるという方法があります。

表4.3.1 部品の寸法によるランク分け

クリアランスの最適値：0.10　　クリアランスの許容範囲：0.05～0.15

ケース	ランク分け	軸外径寸法	穴内径寸法	クリアランス（両側）	最適値からの最大ずれ（両側）	合　否
ケース1	なし（高精度加工）	10－0.00－0.05	10＋0.05＋0.10	0.05～0.15	0.05	合格
ケース2	なし（加工精度低減）	10－0.00－0.10	10＋0.00＋0.10	0.00～0.20	0.10	不合格品発生
ケース2-1	ランク1	10－0.00－0.05	10＋0.05＋0.10	0.05～0.15	0.05	合格
	ランク2	10－0.05－0.10	10＋0.00＋0.05	0.05～0.15	0.05	合格
ケース2-2	ランク1	10－0.00－0.03	10＋0.06＋0.10	0.06～0.13	0.04	合格
	ランク2	10－0.03－0.07	10＋0.03＋0.06	0.06～0.13	0.04	合格
	ランク3	10－0.07－0.10	10＋0.00＋0.03	0.07～0.13	0.03	合格
ケース2-3	ランク1	10－0.00－0.02	10＋0.08＋0.10	0.08～0.13	0.03	合格
	ランク2	10－0.02－0.04	10＋0.06＋0.08	0.08～0.12	0.02	合格
	ランク3	10－0.04－0.06	10＋0.04＋0.06	0.08～0.12	0.02	合格
	ランク4	10－0.06－0.08	10＋0.02＋0.04	0.08～0.12	0.02	合格
	ランク5	10－0.08－0.10	10＋0.00＋0.02	0.08～0.12	0.02	合格

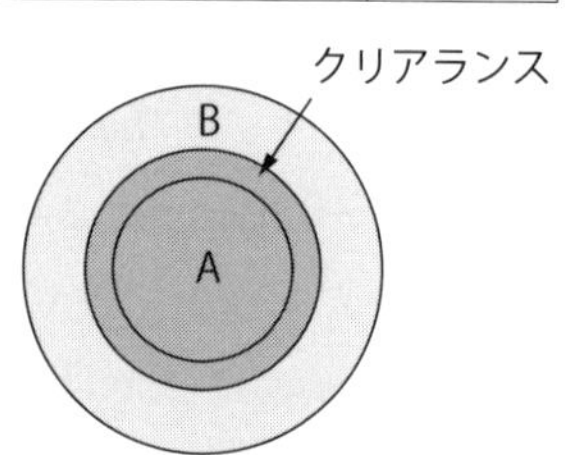

例えば、上記の例で接着層の厚さ（片側クリアランス）を0.02～0.08 mmで嵌合接着したいとします。加工されたすべての軸部品Aと穴部品Bの寸法を計測し、測定値によって**表4.3.1**に示すように何段階かにランク分けします。同じランクの部品同士を組み合わせれば、加工精度を上げずに指定された接着層厚さに収めることができます。

4.3.5 破壊に対する冗長性の確保

(1) 瞬時の破壊の防止

接着剤による接合部は、ひとたび破壊が始まると瞬時もしくは短時間に、分断に至りやすいという課題を抱えています。ねじやボルト、リベットなどでは緩みが生じ、溶接ではクラックが生じますが、分断に至るには時間がかかります。その間に、異音やがたつきから不具合を見つけて修理するのです。

2012年に起こった笹子トンネル天井板崩落事故は、記憶にまだ新しいと思います。ケミカルアンカーボルトだけで固定されていた天井板が、1カ所のケミカルアンカーの破壊をもとに、138 mにわたって次々と破壊していった事故です。このような瞬時の接着部の破壊を防ぐためには、接着剤だけでの接合を避けて、接着以外の接合法を併用する複合接着接合法の採用が効果的です。

図4.3.12は接着のみ、スポット溶接のみ、接着とスポット溶接を併用した場

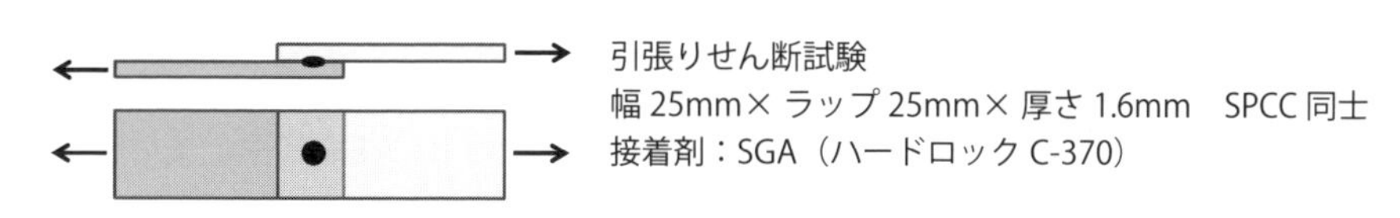

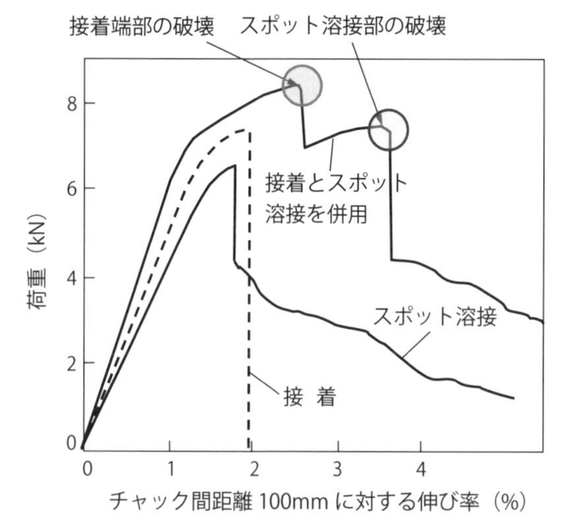

図4.3.12　接着のみ、スポット溶接のみ、接着とスポット溶接を併用した場合の破壊試験における荷重/ひずみ曲線の比較

合の、破壊試験における荷重/ひずみ曲線を示したものです。接着のみの場合は破壊が起こると瞬時に破断していますが、スポット溶接を併用すると、まず重ね合わせ端部の接着部が破壊しますが、スポット溶接が荷重を受け止め、その後、母材が徐々に破れていきます。破壊までに要するエネルギーは荷重/ひずみ線図の面積に相当しますが、接着とスポット溶接を併用した場合の破壊エネルギーは接着のみに比べて3〜4倍に増加しています。

(2) 火災などによる崩壊の防止

接着剤のほとんどは有機物です。ということは、数百℃の高温では熱分解し、さらに高温になると発火や燃焼が起こります。構造物の組立を接着剤だけで行っている場合は、熱分解や燃焼によって構造物はバラバラになってしまいます。ビルの屋上に設置されたものなどがバラバラになって地上に落下すると、二次災害を引き起こすことになります。

接着剤がすべて消失して製品の機能が失われたとしても、最低限の形状・構造を維持しなければなりません。接着剤と他の接合法を併用する複合接着接合法は、このような点でも効果を発揮します。

破壊に対する冗長設計を行って危険を回避することは、技術者や企業の社会的責任であることを忘れてはいけません。

4.3.6 空気溜まりを作らない設計と施工

(1) 嵌合接着での注意点

図4.3.13のように、軸Aの外周に接着剤を塗布し、止まり穴Bに差し込んで接着することは多いと思います。しかし、軸を差し込み始めると穴の入り口付近は接着剤で蓋をされた状態となるため、軸を押し込んでいくと穴内部の空気が押し出され、接着剤は隙間にきれいに入りません。ねじの周囲に緩み止めのための接着剤を塗布してねじ込む場合も同様です。

対策としては、構造的には貫通穴にしたり、穴の底部に空気逃げの穴を設けたりする必要があります。貫通穴や空気抜きの穴が設けられない場合は、穴の底部に先に接着剤を入れておいて、軸を押し込むことによって接着剤を隙間に押し上げる方法が適当です。この場合、軸が穴底部まで押し込まれる場合は問

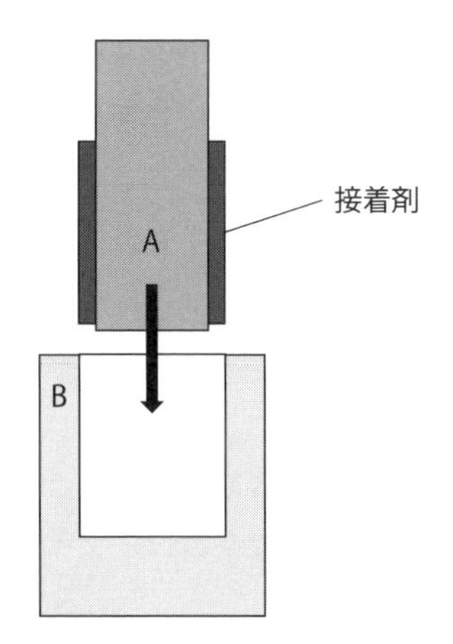

図4.3.13　軸Aの外周に接着剤を塗布して、止まり穴Bに差し込んで接着する部品

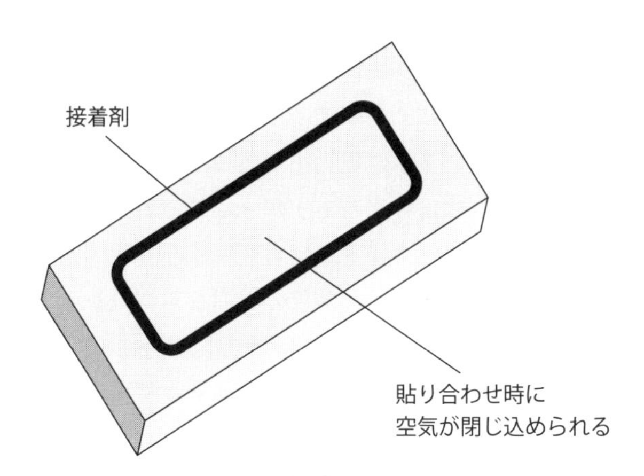

図4.3.14　閉じた形の塗布パターンは空気巻き込みの原因

題ありませんが、軸の押し込み後に穴底部と軸先端の間に隙間ができる場合は、軸先端と穴底部との隙間と穴底部に塗布する接着剤の量の関係をきちんと決めておくことが必要です。嫌気性接着剤を用いる場合は、軸先端と穴底部の隙間が0.1 mm以上ほどになると接着剤が未硬化となり、使用中に浸み出してくるなどの問題を生じることもあるので特に注意が必要です。

(2) 平面同士の接着での注意点

図4.3.14のように、接着剤を円周状や四角形状など閉じた形に塗布して貼り

合わせると、接着剤で閉じられた内部に空気溜まりができ、部品同士を圧締すると空気溜まりの空気が押し広げられて接着剤を押し破って外部に出るため、接着部に欠陥が生じることとなります。

接着欠陥を作らない基本は、接着部の中央に接着剤を点状や線状に盛り上げて塗布し、部品で押し広げていくことです。接着剤のはみ出し量を減らすためには、**図4.3.15**に示すような5点塗布(A)、X字形塗布(B)、Y字形塗布(C)などがあります。

どうしても部品の外周に沿って接着剤を塗布しなければならない場合は、空気溜まりができる部分に空気抜きの穴を設けることが必要です。

4.3.7 二度加圧を回避する治工具設計

図4.3.16は、(A)のように平面パネルに反りのあるハット形補強材を接着する例です。部品の貼り合わせ時に一度仮加圧して、加圧を外した後に再度本加圧を行うことはよく行われています。仮加圧で塗布された接着剤は押しつぶされて薄くなり、余分な接着剤ははみ出しますが、ここで力を抜くと部品はスプリングバックで元の形状に戻るため接着層は再び厚くなりますが、はみ出した接着剤が元の場所に戻ることはなく、接着部の周囲から空気を引き込んでしまいます。その結果、(B)のように接着層に欠陥部が生じます。欠陥部は、接着剤の硬化不良や接着強度の低下、欠陥部への塗装の薬液や使用中の水の浸み込みによる劣化などを引き起こすことになります。

この現象は板金部品で多く見られるトラブルですが、接着層の厚さは薄いため、合わせ面に少しでもガタがあると剛体部品でも起こる問題です。二度加圧を避けて、加圧が一度で済むような治工具の設計と施工が重要です。

参　考　文　献（第4章）

1）原賀康介：接着の技術誌、Vol.32、No.3、p.62（2012）.
2）原賀康介：接着の技術誌、Vol.24、No.2、p.58（2004）.
3）原賀康介：日本接着学会誌、Vol.39、No.12、p.448（2003）.
4）原賀康介：日本接着学会誌、Vol.43、No.8、p.319（2007）.
5）原賀康介：日本接着学会誌、Vol.40、No.11、p.564（2004）.

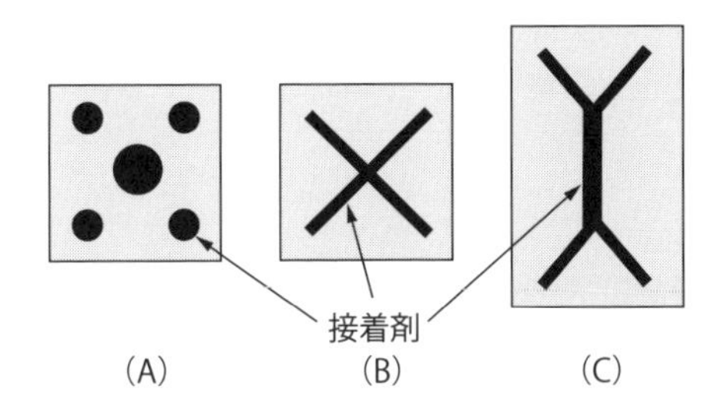

(A)(B)(C)のように接着剤を点状やビード状に塗布した後、貼り合わせながら接着剤を押し広げ、空気を外に押し出していく

【塗布パターン(A)における接着剤の広がり方】

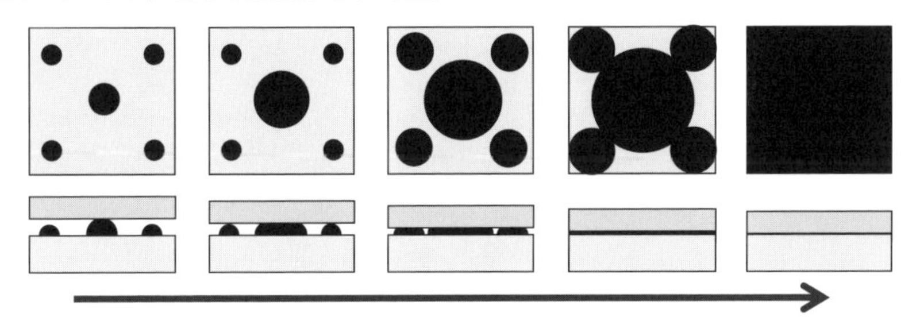

図4.3.15　気泡を入れない接着剤の塗布パターン

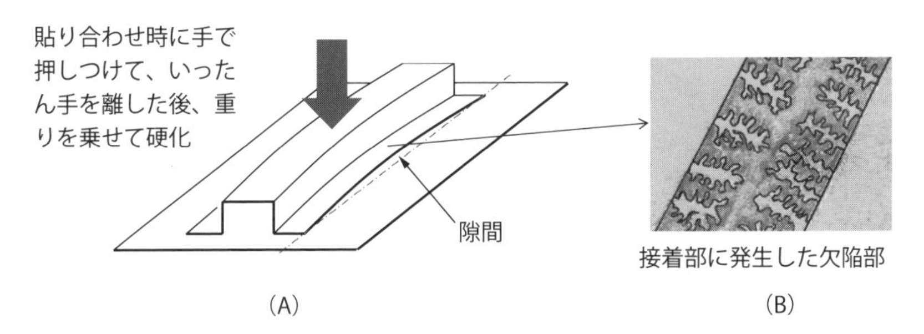

図4.3.16　二度加圧による接着欠陥（空気の引き込み）の発生

付　録

付録1　ばらつきの少ない引張りせん断試験片の作り方

(1) 対象試験片

図2.3.1項の(A)に示したJIS K 6850などに規定されている単純ラップ引張りせん断試験片（幅25.0 mm、ラップ長さ12.5 mm）の作り方です。以下の方法は面倒そうに見えますが、やってみると簡単で、ばらつき低減に非常に効果的です。

(2) 接着強度のばらつきに影響する因子

引張りせん断試験片で強度測定を行うときにばらつきの元となるのは、重ね合わせ長さのばらつき、2枚の板の曲がり、接着剤のはみ出し部です。ばらつきに影響する接着剤のはみ出し部は、**付図1.1**に示すように、ラップ端部で一方の板の端面と他方の板の平面部とでできる直角部分と、2枚の板の側面部で接着層厚さ部分の側面部です。これらの部分以外に接着剤がはみ出して硬化していても、ばらつきにはほとんど影響しません。

(3) 試験片の作製方法

(3-1) 準備するもの

1）被着材料　幅25.0 mm×長さ100.0 mm

2）**付図1.2**に示すラップ長さセット治具

3）**付図1.3**に示す貼り合わせ治具

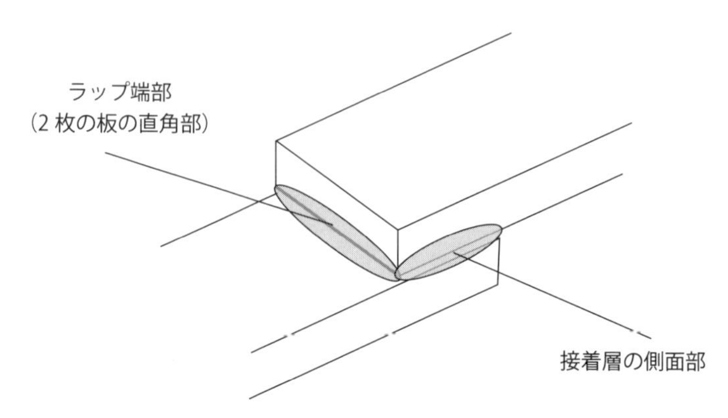

付図1.1　接着剤のはみ出しをなくしたい箇所

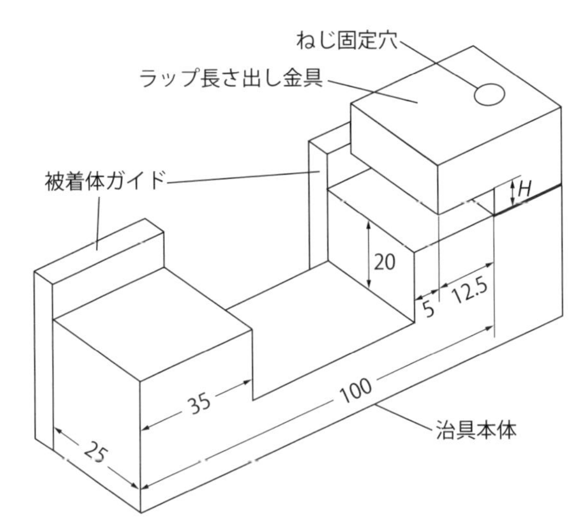

付図1.2　ラップ長さセット治具（単位：mm）

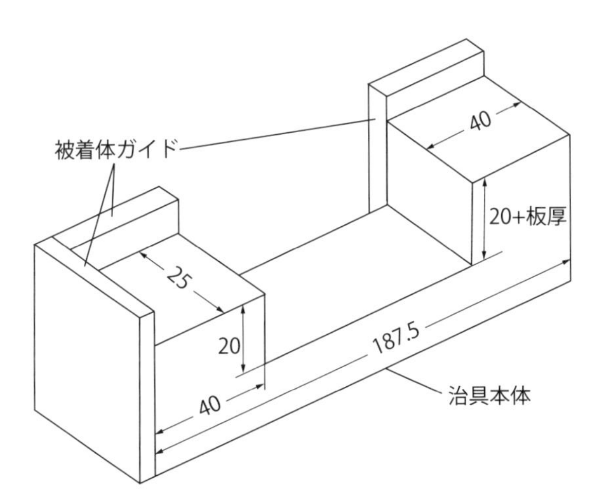

付図1.3　貼り合わせ治具（単位：mm）

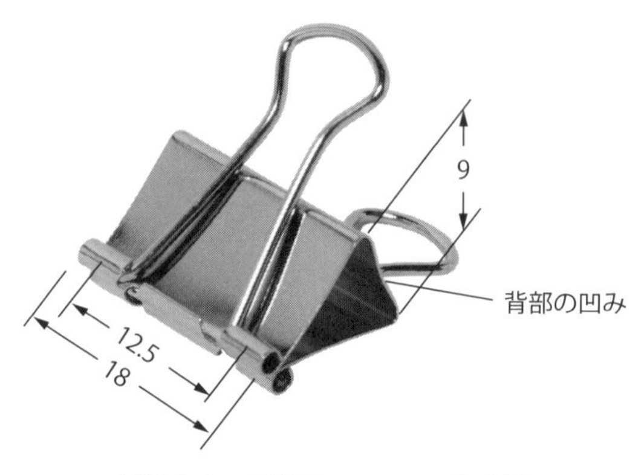

付図1.4　事務用Wクリップ（小）

4）テフロン板　幅25.0 mm×長さ40 mm

テフロン板の厚さは、被着材料の厚さと接着層厚さの合計厚さより薄くします。例えば、被着材料の板厚が1.6 mmで接着層厚さが0.1 mmの場合は、テフロン板の厚さは1.0 mm程度。被着材料の板厚が3.0 mmで接着層厚さが0.1 mmの場合は、テフロン板の厚さは2.0 mm程度など。なお、高温での加熱硬化を行わない場合は、テフロンの代わりにポリエチレンやポリプロピレンなどの非接着性材料が使用できます。

5）Wクリップ（小）

付図1.4に示すように、Wクリップ（小）は、3カ所に分かれている先端の両端2カ所の中央部距離がちょうど接着部のラップ長さに合っているので、ラップ部を均等に圧縮しやすく、また、背部の中央が凹んでいるので側面部のはみ出しを抑制しやすいなどの特徴があります。また、口開き量も最大8 mmほどまで可能なため、2枚の被着材厚さの合計が8 mmくらいまでなら適用できます。

6）テフロンシート

厚さ0.3 mm×幅約25 mm×長さ約37 mm。

これは、2枚の被着材を貼り合わせるときにクリップに接着剤がついてとれなくなるのを防ぐために、Wクリップにはさんで使うモノです。厚さ0.3 mmとしたのは、クリップを開いたときにクリップの開きに追従してテフロンシー

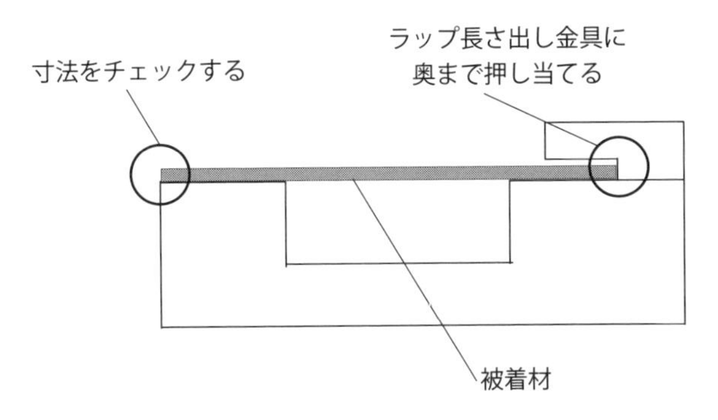

付図1.5　ラップ長さセット治具に被着材を載せる

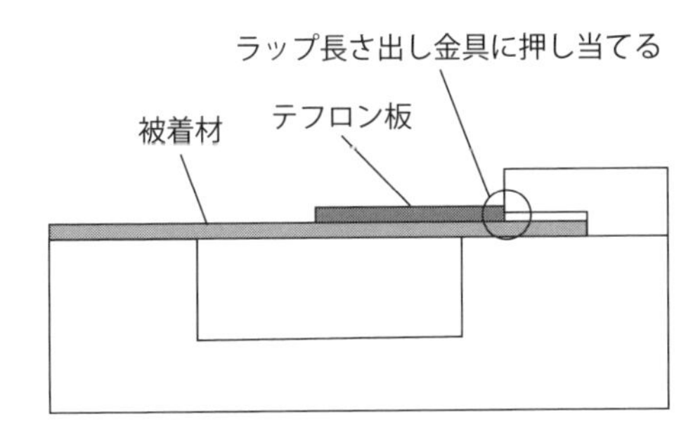

付図1.6　被着材の上にテフロン板を載せる

トも開くためです。0.1 mmなど薄くなると、テフロンシートが開かないので作業がやりにくくなります。

付図1.2のラップ長さセット治具の切り欠き部の高さHは次のようにします。

$$\text{被着材厚さ} < H < \text{被着材厚さ} + \text{テフロン板厚さ}$$

(3-2) 試験片作製の手順

1) ラップ長さの設定

①付図1.2のラップ長さセット治具を、作業台に両面テープなどで動かないように固定します。

②**付図1.5**のようにラップ長さセット治具に被着材を載せます。

○被着材の洗浄は済ませておく

○被着材をラップ長さ出し金具の奥まできちんと押し当てる

○側面は被着体ガイドに押し当てる

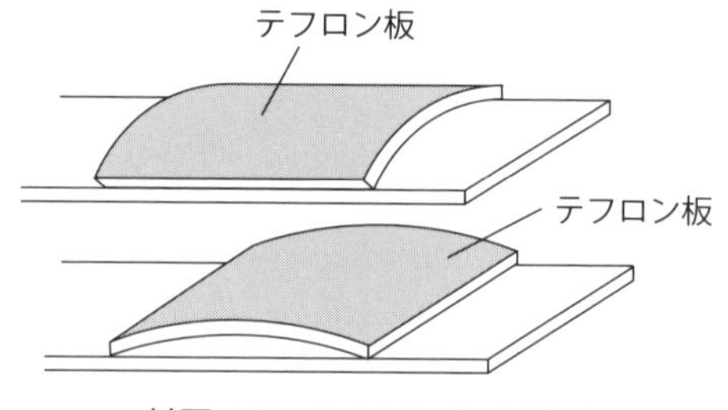

付図1.7　テフロン板の矯正

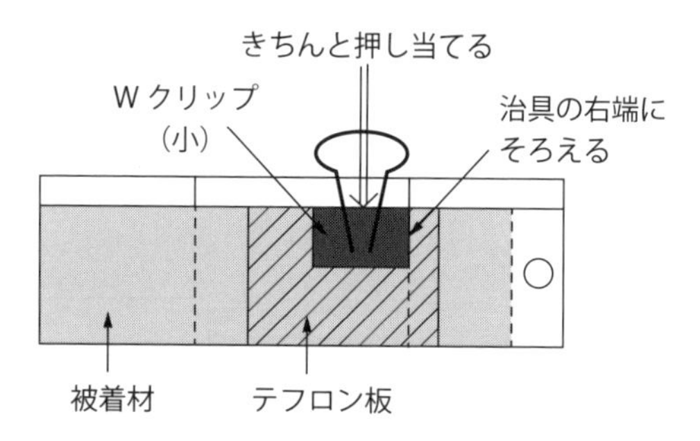

付図1.8　Wクリップ（小）でテフロン板を被着材に固定する

○治具の幅と長さは被着材の規定寸法に作られているので、板の長さや幅が治具ときちんと合わないものは寸法不良品として除く

③**付図1.6**のように被着材の上にテフロン板を載せます。

○テフロン板をラップ長さ出し金具にきちんと押し当てる

○**付図1.7**に示すように、テフロン板はクリップで抑えたときに被着材に密着するように矯正する

④**付図1.8**に示すように、Wクリップ（小）でテフロン板を被着材に固定します。

○クリップの側端部をラップ長さセット治具に当てる

○クリップは十分に奥まで押し込む

○組み合わせる2枚の被着材とも行う

⑤ここから、接着剤の塗布、貼り合わせに入ります。まず、貼り合わせ治具を両面テープなどで作業台に固定します。

⑥テフロン板を取り付けた被着材の接着部に接着剤を塗布します。接着層の

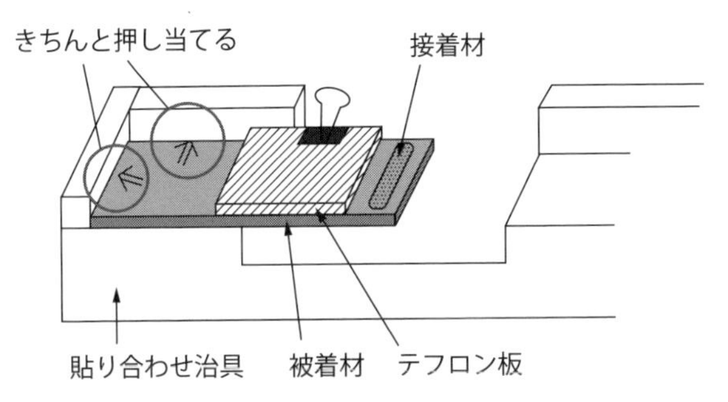

付図1.9　接着剤が塗布された被着材を貼り合わせ治具の左側に載せ、被着体ガイドに押し当てて位置決めする

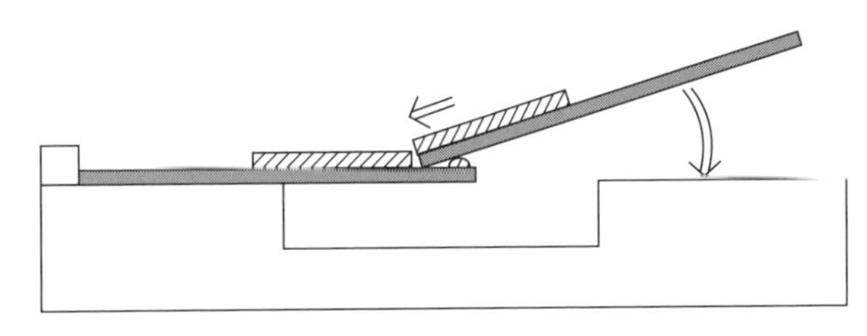

付図1.10　2枚の被着材を貼り合わせる

厚さ調整を行う場合は、ガラスビーズなどを接着剤の上に少量散布してください。

⑦貼り合わせ作業

付図1.9に示すように、接着剤が塗布された被着材を貼り合わせ治具の左側に載せ、被着体ガイドに押し当てて位置決めします。次に、**付図1.10**に示すように、接着剤が塗布されていないテフロン板付きの被着材を接着剤が塗布されている被着材の接着部の左端に押し当てるようにして、ゆっくりと治具上に載せます。

⑧クリップによる圧締

○**付図1.11**に示すように、両方の被着材を左手の親指と人差し指で押さえながらテフロンシートをはさんだWクリップ（小）③で重ね合わせ部を圧締する（クリップ①、②は④で取り付けたテフロン板固定用）

○クリップは十分に奥まで押し込む。押し込みが甘いと側面に接着剤がはみ出すことがある

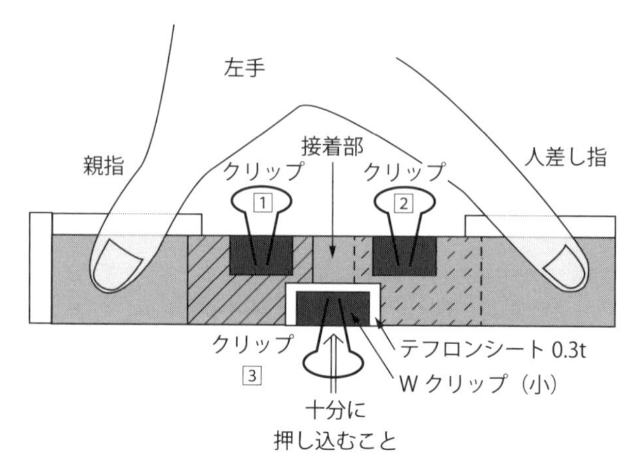

付図1.11　テフロンシートをはさんだWクリップ（小）で重ね合わせ部を圧縮する

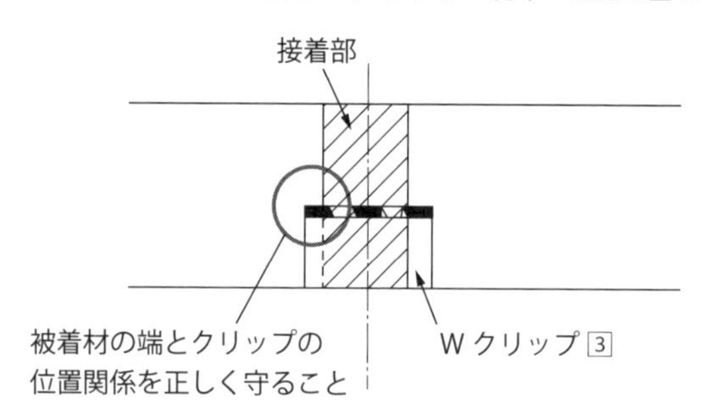

付図1.12　3カ所に別れているWクリップ先端部の両サイド部の中央が
ラップ端部に来るよう位置関係に十分に注意して圧縮する

○**付図1.12**に示す通り、クリップの取り付け位置は3カ所に別れているWクリップ先端部の両サイド部の中央がラップ端部に来るよう、位置関係に十分に注意。クリップが左右にずれると接着部の厚さが傾く恐れがある

○次に、**付図1.13**に示すようにクリップ3の両側にクリップ4・5を取り付ける。このとき、クリップ4・5はクリップ3のテフロンシートの上からクリップ3に接するように取り付ける

○次に、テフロン板を固定していたクリップ1・2をいったん外す

○次に、**付図1.14**に示すようにテフロンシートをはさんだクリップ6を、クリップ3と同様に取り付ける

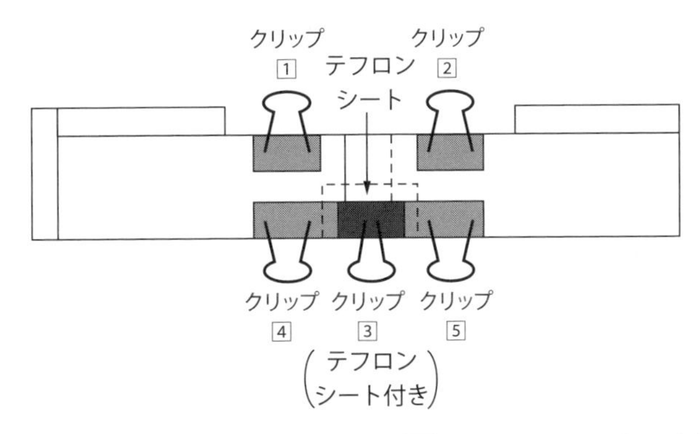

付図1.13　クリップ4・5をクリップ3のテフロンシートの上からクリップ3に接するように取り付ける

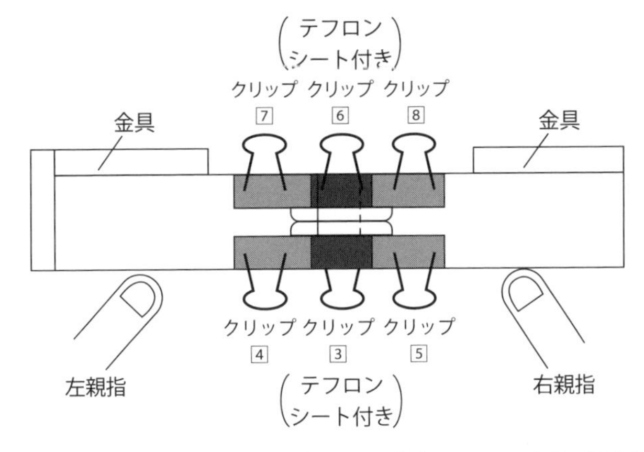

付図1.14　テフロンシートをはさんだクリップ6とクリップ7・8を取り付ける

○最後に、クリップ7・8をクリップ4・5と同様に取り付ける

⑧仕上げ

付図1.14に示すように、両被着材を両方の親指で治具のガイド部にしっかりと押しつけて試験片の曲がりを矯正します。

⑨接着剤の硬化

⑩固定の解除

硬化が終わったら、すべてのクリップを外してテフロンシートを外します。これで終了です。はみ出し部の除去は不要です。

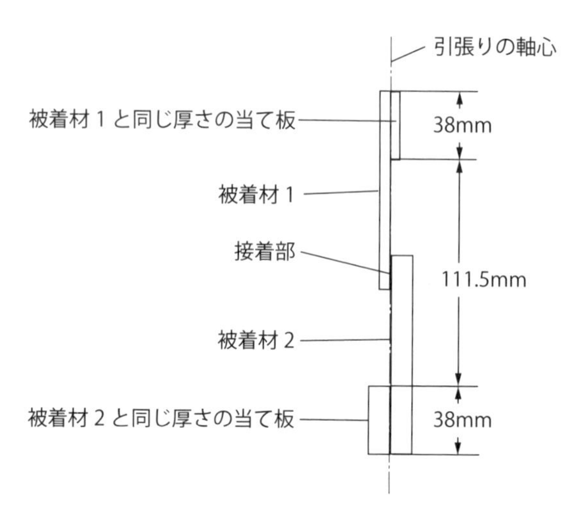

付図1.15　当て板の取付け方

(3-3) 引張りせん断試験時の注意

出来上がった試験片の引張りせん断試験を行う際の注意事項を、以下に示します。

①当て板の取付け

出来上がった試験片の両端に、**付図1.15**に示すように引張り時の軸心を出すため、当て板を接着剤などで取り付けます。当て板の長さは38 mm、幅は25 mmです。2枚の被着材の厚さが異なる場合は、被着材の厚さと同じ板厚の当て板を取り付けます。

②チャック間距離

試験機のチャック間距離は111.5 mmになるようにします。

③チャッキング

インストロン型の引張り試験機では、片方のチャックは固定されていて、もう一方のチャックはユニバーサルジョイントで自由に動くようになっています。チャックは、可動側のチャックを先に締め付けて、固定側のチャックは後から締め付けます。これは、固定側を先に締め付けると可動側のチャックを締めるときに、試験片に力を加えてダメージを与える恐れがあるためです。試験片は、チャックの奥行き方向にも注意してチャック幅（奥行き）の中央にまっすぐに取り付けます。

付録2　消去法による接着剤選定チェックリスト

何系の接着剤が適用可能かを、接着剤を欠点から絞り込むときには、**付表2.1**に示す〈消去法による接着剤選定チェックリスト〉を活用しましょう。

この表のチェック項目を順番にチェックしていき、すべての項目が○になる接着剤が候補となります。

なお、付表2.1のExcelファイルは、㈱原賀接着技術コンサルタントのHP https://www.haraga-secchaku.info/checklist/ からダウンロードできます。

付表2.1　候補接着剤の種類を接着剤の欠点から絞り込む〈消去法による接着剤選定チェックリスト〉

※この表のExcelファイルは、㈱原賀接着技術コンサルタントのHP　https://www.haraga-secchaku.info/checklist/ からダウンロードできます

接着剤の種類		チェック項目		判定○	判定×	適用可否・代替品	判定結果
光硬化型接着剤	共通	1	接着部に光を照射可能か	可能	不可能	→×なら適用不可	
		2	油面接着性は必須か	ではない	必須	→×なら適用不可	
		3	部品はUVを透過するか	する	しない	→×なら可視光硬化型	
		4	光が当たらない部分に接着剤が流れ込むことはないか	ない	ある	→×なら光・熱併用硬化型 または流れ込み防止対策検討△	
	可視光硬化型	1	部品は可視光を透過するか	する	しない	→×なら適用不可	
	光・熱併用硬化型	1	加熱硬化は可能か	可能	不可	→×なら適用不可	
嫌気性接着剤	共通	1	接着層厚さが0.1 mm以上になる部分はないか	ない	ある	→×なら適用不可	
		2	不活性材料の接着でアクチベーターの併用は可能か	可能	不可能	→×なら適用不可	
		3	被着材表面はポーラスでないか	ではない	ポーラス	→×なら適用不可 （不明な場合はテスト要）△	
		4	油面接着性は必須ではないか	ではない	必須	→×なら適用不可	
		5	洗浄剤の残渣による硬化不良の心配はないか	ない	ある	→×なら適用不可 （不明な場合はテスト要）△	
		6	はみ出し部は硬化しないが、はみ出し防止対策は可能か	可能	不可能	→×なら嫌気・UV併用タイプ または、はみ出し防止対策検討△	
		7	貼り合わせ時の空気の巻き込み対策は可能か	可能	不可能	→×なら適用不可	
		8	硬化速度は接着層が厚くなると遅くなるが問題ないか	ない	ある	→×ならテスト要△	
		9	十分な強度を出すには加熱が必要だが加熱可能か	可能	不可能	→×なら室温硬化での強度で十分か確認△	

接着剤の種類		チェック項目		判定○	判定×	適用可否・代替品	判定結果
嫌気性接着剤	嫌気・UV併用タイプ	1	はみ出し部のUV照射は可能か	可能	不可能	→×なら適用不可	
湿気硬化型接着剤 一液弾性変成シリコーン系 一液シリコーン系 一液ウレタン系	共通	1	接着部に空気中の水分は十分に供給されるか	される	されにくい	→×なら適用不可	
		2	接着作業場・養生場所の湿度管理は可能か	可能	不可能	→×なら適用不可 または、対策検討△	
		3	油面接着性は必須ではないか	ではない	必須	→×なら適用不可	
	弾性変成シリコーン系	1	接着剤が軟らかくても問題ないか	問題ない	問題あり	→×なら適用不可	
		2	高温下での接着強度は低いが問題ないか	問題ない	問題あり	→×なら適用不可	
	一液シリコーン系	1	硬化中の発生ガスによる問題はないか	ない	ある	→×なら適用不可	
		2	接着剤が軟らかくても問題ないか	ない	ある	→×なら適用不可	
		3	後工程での問題（はじきなど）はないか	ない	ある	→×なら適用不可	
瞬間接着剤	共通	1	接着面は小さいか	小さい	大きい	→×なら適用不可	
		2	接着層厚さが0.1 mm以上になる部分はないか	ない	ある	→×なら適用不可	
		3	油面接着性は必須ではないか	ではない	必須	→×なら適用不可	
		4	接着部周辺の白化は問題ないか	ない	ある	→×なら適用不可 またはUV併用型瞬間接着剤	
		5	はみ出し部は硬化しにくいが問題ないか	ない	ある	→×なら適用不可 またははみ出し防止対策検討△ またはUV併用型瞬間接着剤	
		6	プラスチックの溶剤によるクレージングは問題ないか	ない	ある	→×なら適用不可 またははみ出し防止対策検討 またはUV併用型瞬間接着剤	
	UV併用型瞬間接着剤	1	はみ出し部にUV照射は可能か	可能	不可能	→×なら適用不可	
両面テープ	共通	1	油面接着性は必須ではないか	ではない	必須	→×なら適用不可	
		2	テープ厚さと部品クリアランスの関係に問題はないか	ない	ある	→×なら適用不可 または、部品精度見直し△	
		3	保持力（クリープ）、スプリングバック力による問題はないか	ない	ある	→×なら適用不可 または、他の接合法の併用検討△	
		4	低温ではタック性が低下するが作業に問題はないか	ない	ある	→×なら適用不可 または、貼付け面の加温検討△	
		5	貼付け後に加圧は可能か	可能	不可能	→×なら適用不可	
二液ウレタン系接着剤	共通	1	湿度による発泡対策は可能か（作業環境、混合作業、可使時間）	可能	不可能	→×なら適用不可	
		2	手作業での計量・混合を行うか（発泡しやすく不適）	行わない	行う	→×なら適用不可	
		3	油面接着性は必須ではないか	ではない	必須	→×なら適用不可	
		4	接着剤の吸湿対策は可能か	可能	不可能	→×なら適用不可	

接着剤の種類		チェック項目		判定○	判定×	適用可否・代替品	判定結果
二液ウレタン系接着剤	共通	5	金属接着の場合、プライマーの使用は可能か	可能	不可能	→×ならプライマーなしでの評価△	
二液エポキシ系接着剤	共通	1	油面接着性は必須ではないか	ではない	必須	→×なら適用不可	
		2	二液の扱いは可能か（計量・混合・塗布）	可能	不可能	→×なら適用不可	
		3	可使時間内での作業は可能か	可能	不可能	→×なら長可使時間タイプ△	
	長可使時間タイプ	1	硬化時間は問題ないか	ない	ある	→×なら加温硬化△	
	加温硬化	1	硬化時間短縮のための加温は可能か	可能	不可能	→×なら適用不可	
一液エポキシ系接着剤	加熱硬化タイプ	1	低温保管は可能か	可能	不可能	→×なら適用不可	
		2	加熱硬化は可能か	可能	不可能	→×なら適用不可	
		3	熱応力による問題はないか	ない	あり	→×なら適用不可	
	プレミックスタイプ	1	低温・冷凍での輸送・保管は可能か	可能	不可能	→×なら適用不可	
		2	油面接着性は必須ではないか	ではない	必須	→×なら適用不可	
二液アクリル（SGA）系接着剤	共通	1	被着材表面はポーラスでないか	ではない	ポーラス	→×なら適用不可	
		2	可使時間内での作業は可能か	可能	不可能	→×なら長可使時間タイプ検討△	
		3	臭気対策（換気）は可能か	可能	不可能	→×なら低臭気タイプ検討△	
		4	硬化収縮による問題はないか	ない	ある	→×なら低臭気タイプ検討△	
		5	未硬化のはみ出し部が密閉された空間内に置かれることはないか	ない	ある	→×なら低臭気タイプ検討△	
	二液型	1	二液の扱い（混合塗布、後混合、重ね塗布、別塗布など）は可能か	可能	不可能	→×なら適用不可	
	プライマー・主剤型	1	接着層が1 mm以上の部分はないか（硬化不良が生じやすい）	ない	ある	→×なら適用不可	
		2	はみ出し部は硬化しにくいが問題ないか	ない	ある	→×なら適用不可	
二液シリコーン系接着剤	共通	1	硬化阻害物質の問題はないか	ない	ある	→×なら適用不可 →不明な場合は評価要△	
		2	油面接着性は必須ではないか	ではない	必須	→×なら適用不可	
		3	二液の扱い（計量・混合・塗布）は可能か	可能	不可能	→×なら適用不可	
		4	硬化時間は問題ないか	ない	ある	→×なら加温硬化△	
		5	塗布装置の洗浄にトルエンやキシレンは使えるか	使用可能	使用不可	→×なら適用不可	
	加温硬化	1	硬化時間短縮のための加温は可能か	可能	不可能	→×なら適用不可	

付録3 接着剤の管理のポイントチェックリスト

候補となる接着剤の種類が絞り込めたら、絞り込んだ接着剤の管理上のポイントをチェックします。管理が非常に難しければ、採用するかどうか再考が必要になります。

付表3.1は二液型エポキシ系接着剤

付表3.2は一液加熱硬化型エポキシ系接着剤

付表3.3は二液型ウレタン系接着剤

付表3.4は二液型変性アクリル系接着剤（SGA）

付表3.5はプライマー型変性アクリル系接着剤（SGA）

付表3.6は一液湿気硬化型接着剤

のチェックリストです。

各チェックリストでは、接着剤の受け入れ・保管、接着作業の準備、接着作業、検査の段階に分けて示してあります。各チェックリストの中の●印をつけた項目は、特に重要な項目です。

なお、付表3.1～3.6のExcelファイルは㈱原賀接着技術コンサルタントのHP https://www.haraga-secchaku.info/checklist/ からダウンロードできます。

付表3.1　二液型エポキシ系接着剤の選定・使用上の注意点、管理のポイント

※この表のExcelファイルは、㈱原賀接着技術コンサルタントのHP　https://www.haraga-secchaku.info/checklist/ からダウンロードできます

〈選定・使用時の注意点〉

○二液の配合比の許容範囲は狭い

○十分な混合が必要

○接着剤混合開始から貼り合わせ終了までの時間はポットライフ内で行うこと（ポットライフは混合量が多く、作業雰囲気温度が高いほど短くなる）

○10 ℃以下の低温では硬化しにくい（加温が必要）

○硬化後の硬さが硬いものは、一般にはく離、衝撃に弱い（カタログでは、せん断強度とはく離強度の両方を見ること）

○基本的に油面接着性はない（接着面の十分な脱脂・清浄が必要）

○界面破壊する場合は表面改質を行って凝集破壊にすること（界面破壊では、せん断強度が高くてもはく離強度や耐久性は低く、ばらつきも大きい）

○要求スペックに合ったグレードの選定は接着剤メーカーと相談しながら行うこと

●は重要項目

	工　程		管理項目	管理のポイント
接着剤受入・保管	受入		ロット管理	製造日の確認
			納入仕様書	試験結果の適合性確認
	保管	●	有効期限	未開封での期限を明記
			保管場所・環境	特に温度に注意、保管場所の温度自動記録（電池式）
			低温保管時の結晶化	結晶化温度以上で保管、庫内温度の自動記録（電池式）
			吸湿	容器の密閉の確認
	工　程		管理項目	管理のポイント
接着作業の準備	作業場環境	●	温度・湿度	許容温度範囲を決める。温度を自動記録する
			換気	臭気がある場合は換気する
	作業者		教育・訓練	事前実施、定期的に実施
			安全・衛生	保護具を決めて配置する（手袋：かぶれ防止）
		●	接着阻害物の移行の防止	保護クリーム、化粧品など。素手での作業禁止
	接着剤取出し		先入れ先出し	間違わないシステムの構築
		●	開封までの放置時間（結露防止）	低温保管の場合、室温に戻るまで密封状態で放置
		●	開封後の使用期間	新品の場合、使用可能期間を明記する
	接着剤の状態確認		分離・沈降の有無	ある場合は均一になるまで撹拌（撹拌方法は別途検討）
			色	限度見本で規定
			粘度・流動性	簡易評価を実施
	接着剤使用後の再保管	●	容器の密閉	蓋周囲の清掃と蓋の密封
		●	冷蔵保管の適否（容器内での結露防止）	量が減って容器内の空気が多くなった状態では結露しやすい
	工　程		管理項目	管理のポイント
接着作業	計量・混合・塗布（手作業の場合）			
	用具の準備		計量・混合・脱泡・塗布・仕上げなどの用具を揃える	リストを使用
	二液の計量		配合比	重量比か体積比かを明確化しておく
		●	二液の計量順番	高粘度または量の多い方を先に
		●	二液の滴下位置	最初に出した液の中央に二液目を入れる
		●	配合比の許容範囲	最適値と許容範囲を明確化しておく
			配合量	最適量と下限量、上限量を決めておく
			配合量の記録と配合比の確認	天秤で自動記録、許容範囲内か確認
	混合	●	容器と撹拌具の形状	接触不可の場所がないこと
		●	撹拌の仕方	混合の途中で壁面・底面を掻き取りながら混合
		●	混合状態確認	色むら、色（限度見本）の確認
	脱泡		脱泡の方法	減圧撹拌、遠心脱泡装置など
				減圧は成分が揮散しない圧力で行う
				色むら、色（限度見本）の確認
		●	脱泡時の発熱	回転脱泡では発熱に注意
			脱泡時間	上限時間を決めておく
	シリンジなどへの充填	●	気泡の巻き込み	空気を巻き込まないようにシリンジの壁に沿わせて入れる
		●	残液の保管	混合容器の残液は硬化確認用に保管する

接着作業	塗布		塗布用具	
			塗布位置	
			塗布量	最適量と許容範囲を可視化しておく（限度見本）
				小物部品の場合は重量測定で塗布量を記録
	2連シリンジ入り接着剤の場合			
	保管	●	シリンジ内の気泡の分離	2連シリンジは立てて保管する（気泡を出口付近に集める）
	スタティックミキサー		スタティックミキサーのエレメント数	24コマ以上必要
			捨て打ち	ミキサーを取り付けて、気泡除去のため上向きにしてミキサー1本分ほど捨て打ちする
			ミキサー交換時間	使用可能な上限時間を決めておく（夏期高温時基準）、タイマー管理
	計量・混合・塗布（装置使用の場合）			
	脱泡		圧送タンク投入前か投入後に行う	
	タンク内での沈降・分離確認		投入後時間が経過した場合に実施	目視またはヘラなどで確認
	エア加圧式タンクの場合		加圧エア	乾燥空気を使用する
			接着剤へのエアの溶け込み対策	液面に浮かし蓋などでエアとの接触面積を減らす
	計量・混合		捨て打ち	一定量を捨て打ちする
			配合比	色を確認（限度見本）
			混合度合い	色むらを確認
			ミキサー・ノズル内ゲル化	アンチゲルタイマーの設定（夏期高温時基準）
				スタティックミキサー交換時期を決めておく
	ミキサー・ノズルの洗浄	●	溶剤での洗浄	換気、引火対策（設備の防爆・準防爆）、衛生対策
			溶剤洗浄後の乾燥	エアでミキサー・ノズル内を乾燥させる
	貼り合わせ	●	気泡混入	空気を巻き込まないように貼り合わせる
		●	可使時間	混合開始から貼り合わせ作業終了までの上限時間を規定しておく（夏期高温時基準）
				混合開始からの経過時間をカウントし、アラームを出す
	硬化までの加圧・固定		治具の清掃	接着剤付着などがないこと
			加圧力	部品の変形や位置ずれが生じず、接着層の厚さが所定厚さになる下限圧力程度
		●	二度加圧	空気の引き込みが生じやすいので二度加圧はしない
	室温での硬化		温度・時間	最低温度と硬化時間の管理
				硬化場所の温度の自動記録
	加熱硬化		炉の温度	炉内温度の自動記録
			時間	接着したワークの昇温時間を含めて設定
		●	冷却・取出し	内部応力が問題となる場合は徐冷する
	工　程		管理項目	管理のポイント
検査			外観検査	はみ出し部の硬化状態の確認
		●	抜取り破壊検査	凝集破壊率
				未硬化部の有無
				強度と変動係数

付表3.2　一液加熱硬化型エポキシ系接着剤の選定・使用上の注意点、管理のポイント

※この表のExcelファイルは、㈱原賀接着技術コンサルタントのHP　https://www.haraga-secchaku.info/checklist/ からダウンロードできます

〈選定・使用時の注意点〉

潜在硬化剤を用いた一液加熱硬化タイプと、二液エポキシを計量・今後・脱泡してシリンジに充填し、低温で反応を止めているタイプ（プレミックスフローズンタイプ）がある

○プレミックスフローズンタイプは潜在硬化剤を用いた一液加熱硬化タイプより低い温度で硬化できるが、保管温度が低く、保管可能期間も短い

○加熱温度はグレードごとに決まった最低温度がある

○低温または冷蔵保管が必要

○接着剤中に水分や空気などの気体が混ざっていると、加熱硬化時に発泡の原因となる

○硬化後の硬さが硬いものは一般にはく離、衝撃に弱い（カタログでは、せん断強度とはく離強度の両方を見ること）

○油面接着性のあるものとないものがある

○界面破壊する場合は表面改質を行って凝集破壊にすること（界面破壊では、せん断強度が高くてもはく離強度や耐久性は低く、ばらつきも大きい）

○要求スペックに合ったグレードの選定は接着剤メーカーと相談しながら行うこと

●は重要項目

	工　程		管理項目	管理のポイント
接着剤受入・保管	受入		ロット管理	製造日の確認
		●	輸送中の温度	温度履歴を確認する（温度データロガーを同梱して輸送するなど）
			納入仕様書	試験結果の適合性確認
	保管	●	有効期限	未開封での期限を明記
		●	保管場所・環境	決められた温度以下で低温保管する。冷蔵・冷凍庫の温度自動記録（電池式）
			吸湿	容器の密閉の確認
	工　程		管理項目	管理のポイント
接着作業の準備	作業場環境		温度・湿度	許容温度範囲を決める。温度を自動記録する
	作業者		教育・訓練	事前実施、定期的に実施
			安全・衛生	保護具を決めて配置する（手袋：かぶれ防止）
		●	接着阻害物の移行の防止	保護クリーム、化粧品など。素手での作業禁止
	接着剤取出し		先入れ先出し	間違わないシステムの構築
		●	開封までの放置時間（結露防止）	低温保管から出した後、室温に戻るまで密封状態で放置
		●	開封後の使用期間	新品の場合、使用可能期間を明記する
	接着剤の状態確認		分離・沈降の有無	ある場合は均一になるまで撹拌（撹拌方法は別途検討）
			色	限度見本で規定
			粘度・流動性	簡易評価を実施
	接着剤使用後の再保管		容器の密閉	蓋周囲の清掃と蓋の密封
		●	接着剤の残量（容器内での結露）	量が減って容器内の空気が多くなった状態では結露しやすい

	工　程		管理項目	管理のポイント
接着作業	用具の準備		脱泡・塗布・仕上げなどの用具を揃える	リストを使用
	脱泡	●	脱泡の方法	加熱硬化時に巻き込み気体が膨張するので脱泡は重要
				減圧攪拌、遠心脱泡装置など
				減圧は成分が揮散しない圧力で行う
		●	脱泡時の発熱	回転脱泡では発熱に注意
			脱泡時間	上限時間を決めておく
	シリンジなどへの充填	●	気泡の巻き込み	空気を巻き込まないようにシリンジの壁に沿わせて入れる
	塗布		塗布量	最適量と許容範囲を可視化しておく（限度見本）
				小物部品の場合は重量測定で塗布量を記録
	エア加圧式タンクの場合		加圧エア	乾燥空気を使用する
		●	接着剤へのエアの溶け込み対策	液面に浮かし蓋などでエアとの接触面積を減らす
	貼り合わせ	●	気泡混入	空気を巻き込まないように貼り合わせる
		●	可使時間	室温取出しから貼り合わせ作業終了までの上限時間を規定しておく（夏期高温時基準）
				室温取出しからの経過時間をカウントし、アラームを出す
	硬化までの加圧・固定		治具の清掃	接着剤付着などがないこと
			加圧力	部品の変形や位置ずれが生じず、接着層の厚さが所定厚さになる下限圧力程度
		●	二度加圧	空気の引き込みが生じやすいので二度加圧はしない
	加熱硬化	●	炉の温度	炉内温度の自動記録
		●	時間	接着したワークの昇温時間を含めて設定
		●	冷却・取出し	内部応力が問題となる場合は徐冷する
		●	バッチ炉でのドア開放時の注意	炉内のガスを排気してから開ける（皮膚かぶれ防止）
	工　程		管理項目	管理のポイント
検査			外観検査	はみ出し部の硬化状態の確認
		●	抜取り破壊検査	凝集破壊率
				未硬化部の有無
				強度と変動係数

付表3.3　二液型ウレタン系接着剤の選定・使用上の注意点、管理のポイント

※この表のExcelファイルは、㈱原賀接着技術コンサルタントのHP　https://www.haraga-secchaku.info/checklist/ からダウンロードできます

〈選定・使用時の注意点〉

○空気中の水分により発泡しやすいため手作業での計量・混合は避ける
○主剤のポリオールは吸湿しやすく、硬化剤のイソシアネートは水分と反応して二酸化炭素を発生する
○金属ではプライマーが必要な場合も多い
○基本的に油面接着性はない（接着面の十分な脱脂・清浄が必要）
○界面破壊する場合は表面改質を行って凝集破壊にすること（界面破壊では、せん断強度が高くてもはく離強度や耐久性は低く、ばらつきも大きい）
○二液の配合比の許容範囲は狭い
○十分な混合が必要
○接着剤混合開始から貼り合わせ終了までの時間はポットライフ内で行うこと（ポットライフは混合量が多く、作業雰囲気温度・湿度が高いほど短くなる）
○要求スペックに合ったグレードの選定は接着剤メーカーと相談しながら行うこと

●は重要項目

	工　程		管理項目	管理のポイント
接着剤受入・保管	受入		ロット管理	製造日の確認
			納入仕様書	試験結果の適合性確認
	保管	●	有効期限	未開封での期限を明記
		●	保管場所・環境	特に湿度に注意、保管場所の温度・湿度を自動記録（電池式）
			低温保管時の結晶化	結晶化温度以上で保管、庫内温度を自動記録（電池式）
		●	吸湿	容器の密閉の確認
	（2連シリンジ入り接着材の場合）	●	水分対策	乾燥剤を入れた密閉袋内で保管
		●	シリンジ内の気泡の分離	2連シリンジは出口を上にして立てて保管する（気泡を出口付近に集める）
	工　程		管理項目	管理のポイント
接着作業の準備	作業場環境		温度	許容温度範囲を決める。温度を自動記録する
		●	湿度	湿度上限を規定する。高湿度時は除湿。湿度を自動記録
	作業者		教育・訓練	事前実施、定期的に実施。湿度での発泡を認識させる
			安全・衛生	保護具を決めて配置する（手袋：付着、かぶれ防止）
				手に付着すると取れにくいので対策が必要
		●	接着阻害物の移行の防止	保護クリーム、化粧品など。素手での作業禁止
	接着剤取出し		先入れ先出し	間違わないシステムの構築
		●	開封までの放置時間（結露防止）	低温保管の場合、室温に戻るまで密封状態で放置
		●	開封後の使用期間	新品の場合、使用可能期間を明記する
		●	開封状態での放置時間	放置時間とともに吸湿量が増加するので短時間で作業を行う

接着作業の準備	接着剤の状態確認		分離・沈降の有無	ある場合は、容器の蓋をしたまま均一になるまで撹拌（水分を混入させないこと）
			色	限度見本で規定
			粘度・流動性	簡易評価を実施
	接着剤使用後の再保管	●	容器の密閉	使用後、速やかに蓋をする。蓋周囲の清掃と蓋の密封
		●	保管温度（容器内での結露防止）	量が減って容器内の空気が多くなった状態で低温保管すると結露を起こすので、室温で保管する
	工　程		管理項目	管理のポイント
接着作業	手作業での容器を用いた計量・混合（吸湿を防ぐため、袋の中で水分を遮断して混合する方法）			
	用具の準備		計量・混合の用具を揃える	チャック付ポリ袋
	二液の計量		配合比	重量比か体積比かを明確化しておく
		●	二液の計量順番	高粘度または量の多い方を先に
		●	二液の滴下位置	袋の中に最初に出した液の中央に二液目を入れる
		●	滴下の方法	空気を巻き込まないように滴下すること
	二液の計量		配合比の許容範囲	最適値と許容範囲を明確化しておく
			配合量	最適量と下限量、上限量を決めておく
			配合量の記録と配合比の確認	天秤で自動記録、許容範囲内か確認
	混合	●	空気の遮断	袋の中の空気を追い出しながらチャックする
		●	混合の仕方	袋を揉みながら均一になるまで混合する（訓練必要）
		●	混合状態確認	色むら、色（限度見本）の確認
	シリンジなどへの充填	●	袋の角を切ってシリンジに空気が入らないように入れる	空気を巻き込まないようにシリンジの壁に沿わせて入れる。高粘度の場合は、シリンジのノズル側を上にした状態で袋をシリンジ端に押しつけて下から接着剤を押し込む
		●	シリンジにプランジャーを押し込む	空気を遮断するため必ずプランジャーを入れること
		●	シリンジ内の気泡の除去	低粘度の場合はシリンジのノズル側を上にして立てて静置して空気をシリンジ出口付近に集める。高粘度液の場合はシリンジ端を台にトントンと叩きつけて空気を出口に集める
		●	プランジャーの押し込み	シリンジのノズル側を上にした状態でノズルから接着剤が少し出るまでプランジャーを押し込んで、シリンジ内の空気を除去する
		●	シリンジの密閉	シリンジに密封キャップを取り付ける
		●	残液の保管	ポリ袋の残液は硬化確認用に保管する
	2連シリンジや2連カートリッジ入り接着剤の場合			
	スタティックミキサー		スタティックミキサーのエレメント数	24コマ以上必要
			捨て打ち	ミキサーを取り付けて、気泡除去のため上向きにしてミキサー1本分ほど捨て打ちする
			ミキサー交換時間	使用可能な上限時間を決めておく（夏期高温時基準）、タイマー管理
	計量・混合・塗布装置使用の場合			
	設備	●	水分対策	圧縮空気は乾燥空気または窒素ガスを使う
				配管継手部のシールを完璧に行う
	脱泡		圧送タンク投入前か投入後に行う	水分の混入がないように行う

接着作業	タンク内での沈降・分離確認		投入後時間が経過した場合に実施	目視またはヘラなどで確認
	エアー加圧式タンクの場合	●	接着剤への水分混入対策	乾燥空気または窒素ガスを使う
				タンク内の接着剤に流動パラフィンを浮かして気体と遮断する
	計量・混合		捨て打ち	一定量を捨て打ちする
			配合比	色を確認（限度見本）
			混合度合い	色むらを確認
	ミキサー		種類	できるだけ使い捨てタイプを用いる
			ミキサー・ノズル内ゲル化防止	アンチゲルタイマーの設定（夏期高温高湿時基準）
				使い捨てミキサーでは交換時期を、ダイナミックミキサーでは洗浄時期を決めておく
	ダイナミックミキサーの洗浄	●	溶剤での洗浄	換気、引火対策（設備の防爆・準防爆）、衛生対策
				溶剤の気化熱や圧縮空気や窒素ガスの噴出によるミキサー内の冷却による結露に注意
		●	溶剤洗浄後の乾燥	乾燥空気か窒素ガスでミキサー・ノズル内を乾燥させる
	塗布	●	塗布パターン	空気との接触面積を減らすために、薄く拡げて塗布せず接着部の中央に盛り上げて塗布する
			塗布量	最適量と許容範囲を可視化しておく
				小物部品の場合は重量測定で塗布量を記録
	貼り合わせ	●	気泡混入	空気（水分）の混入を避ける
		●	可使時間	空気に触れる時間を極力短縮するため、塗布から貼り合わせまでは短時間で行う
		●	可使時間	混合開始から貼り合わせ作業終了までの上限時間を規定しておく（夏期高温高湿時基準）
				接着剤のゲル化時間だけでなく発泡の観点からも時間を規定する
				混合開始からの経過時間をカウントし、アラームを出す
	硬化までの加圧・固定		治具の清掃	接着剤付着などがないこと
			加圧力	部品の変形や位置ずれが生じず、接着層の厚さが所定厚さになる下限圧力程度
		●	二度加圧	空気の引き込みが生じやすいので二度加圧はしない
	室温での硬化		温度・時間	最低温度と硬化時間の管理
				硬化場所の温度・湿度の自動記録
	加熱硬化		炉の温度	炉内温度の自動記録
			時間	接着したワークの昇温時間を含めて設定
			冷却・取出し	内部応力が問題となる場合は徐冷する
	工　程		管理項目	管理のポイント
検査			外観検査	はみ出し部の硬化状態の確認
				はみ出し部の発泡状態の確認
		●	抜取り破壊検査	凝集破壊率
				未硬化部の有無
				発泡の有無
				強度と変動係数

付表3.4　二液型変性アクリル系接着剤（SGA）の選定・使用上の注意点、管理のポイント

※この表のExcelファイルは、㈱原賀接着技術コンサルタントのHP　https://www.haraga-secchaku.info/checklist/ からダウンロードできます

〈選定・使用時の注意点〉

○混合しなくても二液の重ね塗布や両面別塗布などの二液接触でも硬化できるが、重ね塗布や別塗布では二液の位置がずれると未硬化部が生じる
○容器で二液を混合すると急激な発熱・硬化を起こすため、容器での計量・混合は避ける
○可使時間を経過すると、急激に反応硬化していくのでポットライフの管理は重要（作業雰囲気温度が高いほど短くなる）
○きわめて優れた油面接着性を有しているが、汚れ・錆・水分の除去は必要
○シリコーン離型剤が付着した面でも接着するため、治具の離型にはフィルムなどの固体を用いる必要がある
○界面での密着性に優れ、凝集破壊しやすいが、界面破壊する場合は表面改質を行って凝集破壊にすること（界面破壊では、せん断強度が高くてもはく離強度や耐久性は低く、ばらつきも大きい）
○MMA（メチルメタアクリレート）を主成分としたタイプは臭気が強い。非MMAタイプは臭気が少ない
○MMA（メチルメタアクリレート）を主成分としたタイプは危険物第4類第1～第2石油類に該当する。非MMAタイプは第3類
○要求スペックに合ったグレードの選定は接着剤メーカーと相談しながら行うこと

●は重要項目

工　程			管理項目	管理のポイント
接着剤受入・保管	受入		ロット管理	製造日の確認
			納入仕様書	試験結果の適合性確認
	保管	●	有効期限	未開封での期限を明記
			保管場所・環境	保管場所の温度を自動記録（電池式）
			低温保管時の結晶化	結晶化温度以上で保管、庫内温度を自動記録（電池式）
			吸湿	容器の密閉の確認
工　程			管理項目	管理のポイント
接着作業の準備	作業場環境	●	温度	許容温度範囲を決める。温度を自動記録する
	作業者		教育・訓練	事前実施、定期的に実施
			安全・衛生	保護具を決めて配置する（手袋：付着、かぶれ防止）
			接着阻害物の移行の防止	保護クリーム、化粧品など。素手での作業禁止
	接着剤取出し		先入れ先出し	間違わないシステムの構築
		●	開封までの放置時間（結露防止）	低温保管の場合、室温に戻るまで密封状態で放置
		●	開封後の使用期間	新品の場合、使用可能期間を明記する
	接着剤の状態確認		分離・沈降の有無	ある場合は均一になるまで撹拌（撹拌方法は別途検討）
			色	限度見本で規定
			粘度・流動性	簡易評価を実施
	接着剤使用後の再保管	●	容器の内蓋、外蓋の間違い防止	両液の蓋を間違わないようにすること
			容器の密閉	使用後、速やかに蓋をする。蓋周囲の清掃と蓋の密封
		●	保管温度（容器内での結露防止）	量が減って容器内の空気が多くなった状態で低温保管すると結露を起こすので室温で保管する

	工　程		管理項目	管理のポイント
接着作業	2連シリンジや2連カートリッジ入り接着剤を用いて混合塗布する場合			
	保管	●	シリンジ内の気泡の分離	2連シリンジは出口を上にして立てて保管する（気泡を出口付近に集める）
	用具の準備		計量・混合・塗布・固定の用具を揃える	専用ハンドガン、スタティックミキサー
	スタティックミキサー		スタティックミキサーのエレメント数	12コマ以上必要
		●	捨て打ち	ミキサーを取り付けて、気泡除去のため上向きにしてミキサー1本分ほど捨て打ちする。混合むらがないことを確認する
		●	ミキサー交換時間	使用可能な上限時間を決めておく（夏期高温時基準）、タイマー管理
			廃棄ミキサーの保管	接着剤の硬化確認のために保管する
	接着剤の塗布	●	塗布パターン	貼り合わせ時に空気を巻き込まないように薄く拡げて塗布せず接着部の中央に盛り上げて塗布する
			塗布量	最適量と許容範囲を可視化しておく（限度見本）
				小物部品の場合は重量測定で塗布量を記録
	貼り合わせ		気泡混入	気泡混入を避ける
		●	可使時間	混合開始から貼り合わせ作業終了までの上限時間を規定しておく（夏期高温時基準）
				混合開始からの経過時間をカウントし、アラームを出す
	硬化までの加圧・固定		治具の清掃	接着剤付着などがないこと
			加圧力	部品の変形や位置ずれが生じず、接着層の厚さが所定厚さになる下限圧力程度
		●	二度加圧	空気の引き込みが生じやすいので二度加圧はしない
	室温での硬化		温度・時間	最低温度と硬化時間の管理
				硬化場所の温度を自動記録
	塗布装置を用いて混合塗布して接着する場合			
	塗布装置	●	塗布機の接液部の材質	鉄、銅、黄銅はゲル化の元となる、アルミ、ステンレスは可
			空気圧送タンク	圧縮空気中のオイル、水を除去するためにセパレーターを取り付ける
				タンクに接着剤を直接流し込まず、接着剤の容器ごと入れる
				配合比の最適値と許容範囲を規定する
				配合比は、ガンからの吐出量を測定しながらタンクの空気圧で調整する
				長期間加圧していると接着剤中に空気が溶け込んで、塗布後に気泡が発生することがある。停止時は圧を抜くこと
			タンクの空気圧での配合比、吐出量の調整	二液の粘度が異なる場合は作業場の温度変化で配合比・吐出量が変化する。温度変化と配合比、吐出量の変化量の関係を評価しておいて圧力調整の頻度を規定する
				1：1タイプに適する。10：1など比率が大きい場合は不適
		●	ギヤポンプによる圧送	ゲル化しやすいので不適
		●	ダイナミックミキサー	ミキサー回転による接着剤の温度上昇に注意（低速回転させる）
				1：1タイプではスタティックミキサー混合の方がよい

接着作業	接着剤の塗布		塗布パターン	貼り合わせ時に空気を巻き込まないように薄く拡げて塗布せず接着部の中央に盛り上げて塗布する
			塗布量	最適量と許容範囲を可視化しておく
				小物部品の場合は重量測定で塗布量を記録
	貼り合わせ		気泡混入	気泡混入を避ける
		●	可使時間	混合開始から貼り合わせ作業終了までの上限時間を規定しておく（夏期高温時基準）
				混合開始からの経過時間をカウントし、アラームを出す
	硬化までの加圧・固定		治具の清掃	接着剤付着などがないこと
			加圧力	部品の変形や位置ずれが生じず、接着層の厚さが所定厚さになる下限圧力程度
		●	二度加圧	空気の引き込みが生じやすいので二度加圧はしない
	室温での硬化		温度・時間	最低温度と硬化時間の管理
				硬化場所の温度を自動記録
	接着面でA剤、B剤を混合して接着する場合			
	接着剤の小分け		容器	キャップができる樹脂製の油差しなどを用いる
	接着面への塗布	●	接着面の大きさ	接着面積が大きい場合は混合に時間がかかるので不適
			配合比	目分量で適正配合比になるように接着面に二液を塗布する
			塗布量	限度見本で指示しておく
	二液の混合		接着面上でヘラなどを用いて混合する	均一になるまで混合する
				大きな泡はヘラではじかせる
	貼り合わせ		気泡混入	気泡混入を避ける
		●	可使時間	混合開始から貼り合わせ作業終了までの上限時間を規定しておく（夏期高温時基準）
				混合開始からの経過時間をカウントし、アラームを出す
	硬化までの加圧・固定		治具の清掃	接着剤付着などがないこと
			加圧力	部品の変形や位置ずれが生じず、接着層の厚さが所定厚さになる下限圧力程度
		●	二度加圧	空気の引き込みが生じやすいので二度加圧はしない
	室温での硬化		温度・時間	最低温度と硬化時間の管理
				硬化場所の温度を自動記録
	二液を混合せずに重ね合わせ塗布して接着する場合			
	塗布	●	塗布パターン	接着部に片方の液を一定厚さで薄く塗布し、塗布した接着剤の上にもう一方の液を一定厚さで薄く塗布する
				ビードでの重ね塗布は避ける
				塗布したA剤とB剤の位置がずれると、ずれた部分は未硬化になる
		●	手作業	手作業での重ね塗布は極力避けて、自動塗布機を用いる
		●	接着層の厚さ	加圧後の接着層の厚さが1 mm以上の場合は未硬化が生じやすい
	貼り合わせ		気泡混入	気泡混入を避ける
		●	二液のずれ	二液の重ね状態が崩れないように真上から貼り合わせる
		●	可使時間	二液目の塗布開始から貼り合わせ作業終了までの上限時間を規定しておく（夏期高温時基準）
				混合開始からの経過時間をカウントし、アラームを出す

接着作業	硬化までの加圧・固定		治具の清掃	接着剤付着などがないこと
			加圧力	部品の変形や位置ずれが生じず接着層の厚さが所定厚さになる下限圧力程度
		●	二度加圧	空気の引き込みが生じやすいので二度加圧はしない
	室温での硬化		温度・時間	最低温度と硬化時間の管理
				硬化場所の温度を自動記録
	二液を両被着材に別々に塗布して接着する場合			
	塗布	●	塗布パターン	片方の被着材の接着部に片方の接着剤一定厚さで薄く塗布し、他方の被着材の相対位置にもう一方の接着剤を一定厚さで薄く塗布する
				ビードでの別塗布は避ける
				貼り合わせ時にA剤とB剤の位置がずれると、ずれた部分は未硬化になる
		●	手作業	手作業での別塗布は不可。自動塗布機を用いる
		●	接着層の厚さ	加圧後の接着層の厚さが1 mm以上の場合は未硬化が生じやすい
	貼り合わせ		気泡混入	気泡混入を避ける
		●	二液のずれ	二液の重ね状態が崩れないように真上から貼り合わせる
		●	可使時間	二液が接触するまでは硬化が開始しないが、塗布後できるだけ短時間で貼り合わせること
				貼り合わせ開始から加圧終了までの上限時間を規定しておく（夏期高温時基準）
				貼り合わせ開始からの経過時間をカウントし、アラームを出す
	硬化までの加圧・固定		治具の清掃	接着剤付着などがないこと
			加圧力	部品の変形や位置ずれが生じず、接着層の厚さが所定厚さになる下限圧力程度
		●	二度加圧	空気の引き込みが生じやすいので二度加圧はしない
	室温での硬化		温度・時間	最低温度と硬化時間の管理
				硬化場所の温度を自動記録
	工　程		管理項目	管理のポイント
検査			外観検査	はみ出し部の硬化状態の確認
				はみ出し部の発泡状態の確認
		●	抜取り破壊検査	凝集破壊率
				未硬化部の有無
				発泡の有無
				強度と変動係数

付表3.5　プライマー型変性アクリル系接着剤（SGA）の選定・使用上の注意点、管理のポイント

※この表のExcelファイルは、㈱原賀接着技術コンサルタントのHP　https://www.haraga-secchaku.info/checklist/ からダウンロードできます

〈選定・使用時の注意点〉

○プライマーが塗布されていない部分（接着剤のはみ出し部など）では未硬化部が生じる

○接着層の厚さが1 mm以上では未硬化が生じる

○可使時間を経過すると、急激に反応硬化していくので貼り合わせから加圧終了までの時間管理は重要（作業雰囲気温度が高いほど短くなる）

○きわめて優れた油面接着性を有しているが、汚れ・錆・水分の除去は必要

○シリコーン離型剤が付着した面でも接着するため、治具の離型にはフィルムなどの固体を用いる必要がある

○界面での密着性に優れ、凝集破壊しやすいが、界面破壊する場合は表面改質を行って凝集破壊にすること（界面破壊では、せん断強度が高くてもはく離強度や耐久性は低く、ばらつきも大きい）

○MMA（メチルメタアクリレート）を主成分としたタイプは臭気が強い。非MMAタイプは臭気が少ない

○MMA（メチルメタアクリレート）を主成分としたタイプは危険物第4類第1～第2石油類に該当する。非MMAタイプは第3類

○要求スペックに合ったグレードの選定は接着剤メーカーと相談しながら行うこと

●は重要項目

	工　程		管理項目	管理のポイント
接着剤 受入・保管	受入		ロット管理	製造日の確認
			納入仕様書	試験結果の適合性確認
	保管	●	有効期限	未開封での期限を明記
			保管場所・環境	保管場所の温度を自動記録（電池式）
			低温保管時の結晶化	結晶化温度以上で保管、庫内温度を自動記録（電池式）
			吸湿	容器の密閉の確認
	工程		管理項目	管理のポイント
接着作業の準備	作業場環境	●	温度	許容温度範囲を決める。温度を自動記録する
	作業者		教育・訓練	事前実施、定期的に実施
			安全・衛生	保護具を決めて配置する（手袋：付着、かぶれ防止）
			接着阻害物の移行の防止	保護クリーム、化粧品など。素手での作業禁止
	接着剤取出し		先入れ先出し	間違わないシステムの構築
		●	開封までの放置時間（結露防止）	低温保管の場合、室温に戻るまで密封状態で放置
		●	開封後の使用期間	新品の場合、使用可能期間を明記する
	接着剤の状態確認	●	分離・沈降の有無	ある場合は、均一になるまで撹拌
			色	限度見本で規定
			粘度・流動性	簡易評価を実施
	接着剤使用後の再保管	●	容器の密閉	使用後、速やかに蓋をする。蓋周囲の清掃と蓋の密封
		●	保管温度（容器内での結露防止）	量が減って容器内の空気が多くなった状態で低温保管すると、結露を起こすので室温で保管する

	工　程		管理項目	管理のポイント
接着作業	プライマーの塗布・乾燥		塗布側	一方の接着面だけに塗布する
		●	塗布量	乾燥後、プライマーが厚く残らない量を塗布する
				できるだけ溶剤で希釈したプライマーを用いると、塗布量の管理がしやすい
			乾燥	溶剤が飛ぶまでの乾燥時間を決めておく（低温時基準）
		●	乾燥から貼り合わせまでの時間	放置可能な時間の上限を決めておく（高温時基準）
	主剤の塗布		塗布側	プライマーを塗布していない側に塗布する
		●	塗布量	貼り合わせ後にはみ出さない量とする（はみ出した部分は硬化しにくい）
			塗布から貼り合わせまでの時間	放置可能な時間の上限を決めておく（高温時を基準に放置時間が長くなると、成分の揮散量が増える）
接着作業	貼り合わせ		気泡混入	気泡混入を避ける
		●	可使時間	貼り合わせ開始から加圧終了までの上限時間を規定しておく（夏期高温時基準）
	硬化までの加圧・固定		治具の清掃	接着剤付着などがないこと
			加圧力	部品の変形や位置ずれが生じず、接着層の厚さが所定厚さになる下限圧力程度
		●	二度加圧	空気の引き込みが生じやすいので二度加圧はしない
		●	接着層の厚さ	接着層が1 mm以上の場合は未硬化部が生じる
		●	はみ出し部	はみ出し部は未硬化が生じやすい
	室温での硬化		温度・時間	最低温度と硬化時間の管理
				硬化場所の温度を自動記録

	工　程		管理項目	管理のポイント
検査			外観検査	はみ出し部の硬化状態の確認
				はみ出し部の発泡状態の確認
		●	抜取り破壊検査	凝集破壊率
				未硬化部の有無
				発泡の有無
				強度と変動係数

付表3.6　一液湿気硬化型接着剤の選定・使用上の注意点、管理のポイント

※この表のExcelファイルは、㈱原賀接着技術コンサルタントのHP　https://www.haraga-secchaku.info/checklist/ からダウンロードできます

〈選定・使用時の注意点〉

○空気中の水分と反応して硬化するため、作業時の環境湿度と温度により硬化速度が変化する（低湿度時は加湿が必要）
○水分を通さない大面積の接着では内部まで硬化しない
○シリコーン系接着剤は、硬化時にガス（酢酸、アルコール、オキシムなど）が発生する
○酢酸は腐食性があるので電気・電子部品などには使用しないこと
○オキシムは溶解性があるので樹脂や未加硫ゴムでは要注意
○アルコールはメタノールを発生するものもあるので、大量使用での養生室などでは換気が必要
○電子部品や精密部品では不純物の低分子シロキ酸が少ない電子部品グレードを使用すること
○変成シリコーン系の弾性接着剤でも硬化時に若干のガスが発生する
○空気加圧式塗布装置を用いる場合は、接着剤が直接空気に触れないようにプランジャーなどを入れること
○加圧空気は水分を除去した乾燥空気を用いること
○変成シリコーン系の弾性接着剤はシリコーン系ではないので、高温では接着強度が低下する
○油面接着性はないので接着面の脱脂を行うこと
○界面破壊する場合は表面改質を行って凝集破壊にすること（界面破壊では、せん断強度が高くてもはく離強度や耐久性は低く、ばらつきも大きい）
○要求スペックに合ったグレードの選定は接着剤メーカーと相談しながら行うこと

●は重要項目

工　程			管理項目	管理のポイント
接着剤受入・保管	受入		ロット管理	製造日の確認
			納入仕様書	試験結果の適合性確認
	保管	●	有効期限	未開封での期限を明記
		●	保管場所・環境	特に湿度に注意、保管場所の温度・湿度を自動記録する（電池式）
			低温保管時の結晶化	結晶化温度以上で保管、庫内温度の自動記録（電池式）
		●	吸湿	容器の密閉の確認
				チューブやカートリッジは、乾燥剤を入れたポリ袋に入れて保管
			保管時の姿勢	チューブやカートリッジ内の気泡を集めるため、ノズル側を上向きにして保管する
工　程			管理項目	管理のポイント
接着作業の準備	作業場環境	●	温度・湿度	許容温度・湿度の範囲を決める。温度を自動記録する
				低湿度時は加湿する
	作業者		教育・訓練	事前実施、定期的に実施
			安全・衛生	保護具を決めて配置する（手袋：かぶれ防止）
		●	接着阻害物の移行の防止	保護クリーム、化粧品など。素手での作業禁止

接着作業の準備	接着剤取出し		先入れ先出し	間違わないシステムの構築
		●	開封までの放置時間（結露防止）	低温保管の場合、室温に戻るまで密封状態で放置
		●	開封後の使用期間	新品の場合、使用可能期間を明記する
	接着剤の状態確認		分離・沈降の有無	ある場合は、容器の蓋をしたまま均一になるまで撹拌（水分を混入させないこと）
			色	限度見本で規定
			粘度・流動性	簡易評価を実施
	接着剤使用後の再保管	●	容器内の空気の排除	チューブやカートリッジ内の空気を押し出す
				容器入りの場合は、液面にフィルムなどを浮かせて空気と遮断する
		●	容器の密閉	蓋周囲の清掃と蓋の密封
		●	冷蔵保管の適否（容器内での結露防止）	チューブやカートリッジ以外の容器の場合は、量が減って容器内の空気が多くなった状態で低温保管すると結露を起こすので、室温で保管する

	工　程		管理項目	管理のポイント
接着作業	チューブやカートリッジから直接塗布する場合			
	脱泡		容器内の気泡などの除去	チューブやカートリッジを上向きにして、容器内の空気などがなくなるまで押し出して捨てる
	チューブやカートリッジからシリンジに詰め替えて使う場合			
	シリンジなどへの充填	●	気泡の巻き込み防止	空気を巻き込まないように、シリンジを上向きにして、チューブやカートリッジの口をシリンジの尻に押し当てて、接着剤をシリンジの下から上に徐々に押し込んでいく
		●	プランジャーの挿入	シリンジに詰めたらすぐに、空気を巻き込まないようにプランジャーを入れる
		●	空気溜まりの排除	シリンジを上向きにしたままプランジャーを押し込んでシリンジの空洞部をなくす
		●	キャップ	シリンジの先端に密閉キャップを付ける
		●	充填日、使用期限の記入	充填当日に使い切らない場合は、充填日時と使用期限をシリンジに明記する
	ペール缶などから圧送塗布装置を用いて使う場合			
	脱泡		圧送タンク投入前か投入後に行う	
	タンク内での沈降・分離確認		投入後時間が経過した場合に実施	目視またはヘラなどで確認
	エアー加圧式の場合		加圧エアー	乾燥空気を使用する
			接着剤へのエアーの溶け込み対策	液面に浮かし蓋などでエアーとの接触面積を減らす
	塗布ノズル	●	ノズル内ゲル化	アンチゲルタイマーの設定（夏期高温時基準）
		●	溶剤での洗浄	換気、引火対策（設備の防爆・準防爆）、衛生対策
			溶剤洗浄後の乾燥	エアーでミキサー・ノズル内を乾燥させる
	塗布		塗布量	最適量と許容範囲を可視化しておく（限度見本）
				小物部品の場合は重量測定で塗布量を記録

接着作業	貼り合わせ		気泡混入	空気を巻き込まないように貼り合わせる
		●	可使時間	塗布開始から貼り合わせ作業終了までの上限時間を規定しておく（夏期高温時基準）
				塗布に時間がかかる場合は、塗布開始からの経過時間をカウントしてアラームを出す
	硬化までの加圧・固定		治具の清掃	接着剤付着などがないこと
			加圧力	部品の変形や位置ずれが生じず、接着層の厚さが所定厚さになる下限圧力程度
		●	二度加圧	空気の引き込みが生じやすいので二度加圧はしない
	室温での硬化	●	温度・時間	最低温度・湿度と硬化時間の管理
				硬化場所の温度・湿度の自動記録
				低湿度時は加湿する
				大量の養生を行う場合は、発生ガスに注意（換気）
	工　程		管理項目	管理のポイント
検査			外観検査	はみ出し部の硬化状態の確認
		●	抜取り破壊検査	凝集破壊率
				未硬化部の有無
				強度と変動係数

あとがき

この本の執筆は、接着剤を用いて電気・電子機器を製造する企業の技術者からの「接着剤をどうやって選べばよいのか教えて欲しい」という相談から始まりました。接着剤の選定作業は、経験が少ない技術者、とりわけ化学系ではない技術者にとっては困難で、私も適切な指導をできないままでいました。接着剤の選び方は、従来から多くの方々がさまざまな書籍やセミナーなどで解説されてきましたが、実際にその方法や手順で選ぼうとしても、結局は選べないという結果に終わることがほとんどでした。私は部品や機器を製造する企業で、接着のキーマンを務めて多くの接着剤を選定してきたので、自分自身はどうやって選んでいたのだろうかということを改めて思い直してみました。その挙げ句にまとめたのが、第3章「ユーザー視点からの“新しい”接着剤の選び方」です。まだまだ不十分と思いますが、少しは質問の回答に近づけたのではないかと思っています。

次に相談されたのは技術者育成です。接着が専門ではない部品や機器の設計者や生産技術者が、接着を汎用的に用いることができるようになるためには何を知っておけばいいのか、何を目標に学べばよいのか、ということでした。従来から多数の方々がいろいろな接着の書籍を書かれていますが、内容を見ると化学に偏っており、化学に詳しくない技術者には少々理解しにくい内容のようです。一方、接着剤を用いる際に知っておかねばならない点についての記述はわずかです。

設計・生産技術者は日常業務で多忙を極めている中で、接着以外にも多くの技術を習得しなければなりません。技術者にとって、接着は接合技術の中のOne of Themにすぎません。接着の専門家でなければ使えないような技術であれば、接着はいつまで経っても汎用技術にはなり得ません。そこで、改めて接着を用いる技術者が知っておかなければならないことと、知らなくても最低限の知識や感覚を持っておけばよいことを分けてみました。それをまとめたのが、第1章「接着剤のユーザーが知っておくこと、知らなくてよいこと」と、

第2章「これだけは知っておきたい接着の基礎知識」です。

さらに設計者の方々からは、接着部の強度設計法について多くの質問がなされます。設計に用いることができる接着強度の考え方、その測定方法、試作部品での強度評価の方法、試作品での強度とCAE解析での応力・変位の解析結果の対応づけの仕方、劣化による強度低下の予測法などです。残念ながら、確立された汎用的な設計法、設計基準、設計指針というものは存在しません。しかし、試作品を作って評価して判断するだけでは、過剰品質の設計をせざるを得ません。そこで、筆者が長年にわたって積み上げてきた設計法「*Cv*接着設計法」について、今回初めて詳細を第4章「高信頼性・高品質接着のための目標値と簡易設計法」の中に掲載しました。

この書籍では、部品や機器の設計者や生産技術者に役立つ内容をまとめたつもりですが、読み返すたびに「これも入れたい、あれも入れたい」と思うことがまだまだたくさんあります。機会があれば、さらにお役に立てる内容を整理して紹介したいと思っています。

本書が、接着剤を部品や機器の組立に用いる技術者の方々の一助となれば幸いです。

本書をお読みになられたご感想、ご意見、ご質問、ご要望などを筆者宛てにメール（haraga-kosuke@kcc.zaq.ne.jp）でお送りいただければ幸いです。

本書の構想段階から発刊に至るまで、種々のアドバイスをいただきました日刊工業新聞社出版局書籍編集部の矢島俊克氏に感謝の意を表します。

2022年2月

原賀 康介

索 引

数字・アルファベット

あ

か

さ

た

な

は

ま

や

ら

〈著者紹介〉

原賀 康介（はらが こうすけ）

㈱原賀接着技術コンサルタント　専務取締役　首席コンサルタント　工学博士
日本接着学会構造接着・精密接着研究会幹事、接着適用技術者養成講座講座長、
接着技術者スキルアップ講座講座長

専門：接着技術（特に構造接着と接着信頼性保証技術）

1973年、京都大学工学部工業化学科卒業。同年に三菱電機㈱入社、生産技術研究所、材料研究所、先端技術総合研究所に勤務。入社以来40年間にわたり一貫して接着接合技術の研究·開発に従事。2012年3月、㈱原賀接着技術コンサルタントを設立し、各種企業における接着課題の解決へのアドバイスや社員教育などを行っている。

開発した技術

接着耐久性評価・寿命予測技術
接着強度の統計的扱いによる高信頼性接着の必要条件決定法
耐用年数経過後の安全率の定量化法
接着の設計基準の作成
「*Cv* 接着設計法」の開発
複合接着接合技術（ウェルドボンディング、リベットボンディングなど）
ハニカム構造体の簡易接着組立技術
SGA の高性能化（低ひずみ、焼付け塗装耐熱性、高温強度・耐ヒートサイクル性、難燃性ほか）
内部応力の評価技術と低減法
被着材表面の接着性向上技術
精密部品の低ひずみ接着技術
塗装鋼板の接着技術　など

受賞

1989年　日本接着学会技術賞
1998年　日本電機工業会技術功労賞
2003年　日本接着学会学会賞
2010年　日本接着学会功績賞

著書

「高信頼性を引き出す接着設計技術―基礎から耐久性、寿命、安全率評価まで―」、日刊工業新聞社、(2013年)
「高信頼性接着の実務―事例と信頼性の考え方―」、日刊工業新聞社、(2013年)
「自動車軽量化のための接着接合入門」（佐藤千明共著）、日刊工業新聞社、(2015年)
「わかる！使える！接着入門」、日刊工業新聞社、(2018年)
その他共著書籍　31冊

ユーザー目線で役立つ
接着の材料選定と構造・プロセス設計

NDC579.1

2022年2月28日　初版1刷発行

©著　者　原　賀　康　介
発行者　井　水　治　博
発行所　日刊工業新聞社

〒103-8548　東京都中央区日本橋小網町14-1
電話　書籍編集部　03-5644-7490
　　　販売・管理部　03-5644-7410
　　　FAX　03-5644-7400
振替口座　00190-2-186076
URL　https://pub.nikkan.co.jp/
email　info@media.nikkan.co.jp

印刷・製本　新日本印刷

落丁・乱丁本はお取り替えいたします。　2022　Printed in Japan
ISBN 978-4-526-08188-0　C3043